せどりの達人が教える！

せどりでガッチリ稼ぐ！

コレだけ！技

フジップリン 著

技術評論社

はじめに

■ **あなたの人生を変えることができる、せどりの世界へようこそ！**

　はじめまして、フジップリンと申します。元は工場勤務の職人で、妻と２人の子供がいる40代男性です。4年前からせどりの講師をしています。私の人生が明るく前向きに変わったのは、せどりに出会って誰にも頼らずに自分一人の力だけで稼げるようになったおかげです。

「収入を増やしたい」「自由な時間がほしい」「がんばった分だけ結果がほしい」「自分一人の力で稼ぎたい」「現状を変えたい」

　あなたにこんな希望があるのなら、いま本書を手に取っているのは正しい選択でしょう。せどりはあなた一人だけの力で、いつでも好きなときに、どこでも、お金を稼ぐことができます。だからといって特別なスキルは一切必要ありません。数年前の私はパソコンが苦手、ビジネスセンスなし、お小遣いは月に２万円で資金はゼロ。給料は上がらず先の見えない生活に疲れ切っていました。あったのは、やる気だけです。何も取り柄のなかった私でもできたので、安心してください。
　本書には、そんな私でもせどりで脱サラして、講師となることができた今までのノウハウをすべて詰め込みました。ですので、もっともかんたんで、誰でも、どこでも実践可能で、実際に稼げる手法であるという自信があります。
　せどりはあなたが普段お買い物で行くようなお店で、相場よりも安く商品を買って、自分のネットショップで高く売って利益を出すビジネスです。あなたが忙しくて時間がない会社員でも主婦でも大丈夫。私も月に100時間も残業するような時間のない会社員でしたし、小さいお子さん

のいる女性もたくさん活躍しています。普段のお買い物をするお店があればできるので、場所も選びません。私は実際に北海道から九州、沖縄まで、日本全国にいる160名以上のコンサル生の住んでいる地域に行って、せどりができることを実証してブログで公開もしています。

　せどりには人生を変えるだけの威力があります。3万円から5万円をせどりで稼ぐのは、本当にかんたんで誰でも可能です。お給料と同じくらいの10万円、20万円以上の収入を得ている人も珍しくありません。本気で取り組めば、月収100万円、年収1,000万円以上を稼ぐことだってあなた一人だけの力で可能です。世の中で数％のエリートだけとされる収入も、せどりなら達成することができることを覚えておいてください。これは実際に私もコンサル生も結果を出していますので現実の話です。

　実際に数万円のお金を自分ひとりの力だけで稼ぐと感動しますよ。せどりを始めると街にお金が落ちているような気分になります。宝探しをしているようなワクワクした気持ちでお店に行ってみてください。

　本書で伝えている方法は、「即実践可能で一生使えるテクニック」です。読み直して、実践を繰り返すことでどんどんレベルが上がっていきます。ロールプレイングゲームの主人公のように成長していく姿をイメージしてください。

　こうしている間にも、せどりで利益が出る商品は湧き水のように日本全国でどんどん生まれ続けていますよ。見つけ方は本書に書いてあります。まずは一度読んで、実際にお店にせどりをしに行きましょう。

　さあ、せどりの世界に出発です。

2019年2月
フジップリン

Contents

第1章 ▶ 「せどり」って何だろう?

Section 01	「せどり」ってそもそも何?	10
Section 02	「せどり」って具体的に何をすればよい?	12
Section 03	初心者にオススメ「店舗せどり」とは?	14
Section 04	もう1つのせどり手法「電脳せどり」とは?	16
Section 05	始める前に必要なものって?	18
Section 06	「店舗せどり」の流れ① リサーチ	20
Section 07	「店舗せどり」の流れ② 仕入れ	22
Section 08	「店舗せどり」の流れ③ 出品販売	24
Section 09	「店舗せどり」の流れ④ 発送	26
Section 10	仕入れた商品の主な出品先を知ろう	28
Section 11	初心者はAmazonに出品しよう	30
Section 12	儲けが出るパターンを知ろう	34
Section 13	せどりで儲かる商品って何だろう?	36
Section 14	好きなジャンルから始めていこう	38
Section 15	出品できない商品を知っておこう	40
COLUMN	せどりの実力は検索数に比例する	42

第2章 ▶ 仕入れのやり方と出品方法

Section 16	仕入れの具体的な手順を知ろう	44
Section 17	せどりアプリで商品を検索しよう	46
Section 18	モノレートで売れる商品かどうか判断しよう	47
Section 19	モノレートをもっと読み解こう	49
Section 20	セラーアプリで儲けが出るかどうか判断しよう	51

Section 21	Amazonに出品できるか確認する方法を知ろう	52
Section 22	Amazon出品サービスのしくみと費用を知ろう	54
Section 23	Amazonに出品するための準備をしよう	58
Section 24	Amazonに商品を出品しよう	60
Section 25	Amazonで中古品を販売しよう	64
Section 26	メルカリにはどのような商品を出品する？	66
Section 27	メルカリに出品するにはどうすればよい？	68
Section 28	メルカリに出品するための準備をしよう	70
Section 29	メルカリに商品を出品しよう	72
COLUMN	モノレートの代用に「Keepa」と「DELTA tracer」を使う	74

第3章 ▶ 儲かる商品の探し方

Section 30	商品知識がなくても儲かる商品を探す2つの方法	76
Section 31	「違和感」で儲かる商品を探そう	78
Section 32	「全頭検索」で儲かる商品を探そう	80
Section 33	トレンド商品を狙おう	82
Section 34	季節ごとの商品を狙おう	84
Section 35	生産終了品を狙おう	86
Section 36	お店独自のセールを狙おう	88
Section 37	開店・閉店セールを狙おう	90
Section 38	店舗棚の上下四隅の商品を狙おう	92
Section 39	キリがよい値段の商品を狙おう	94
Section 40	ポップの書き方でフロア責任者の性格を読もう	96
Section 41	値札に隠された意図を読もう	98
Section 42	決算期を狙おう	100

Contents

Section 43　お得な定期イベントを狙おう　102
Section 44　利益が出る商品を見つけたらネットショップでも検索してみよう　104
COLUMN　人気コラボ商品を狙おう　106

第4章 ▶ 仕入れ先別　狙い目商品の探し方

Section 45　店舗せどりの代表的仕入れ先を知ろう　108
Section 46　店舗せどりの仕入れルートの作り方　110
Section 47　仕入れルートは豊富に用意しよう　112
Section 48　家電量販店で狙いたい商品　114
Section 49　ホームセンターで狙いたい商品　116
Section 50　ディスカウントストアで狙いたい商品　118
Section 51　スーパーで狙いたい商品　120
Section 52　100円ショップで狙いたい商品　122
Section 53　コンビニで狙いたい商品　124
Section 54　ドラッグストアで狙いたい商品　126
Section 55　フィギュアショップで狙いたい商品　128
Section 56　リサイクルショップで狙いたい商品　130
Section 57　古本屋で狙いたい商品　132
Section 58　フリーマーケットで狙いたい商品　134
Section 59　電脳せどりも店舗せどりと同じように考えよう　136
Section 60　「メルカリ」「ヤフオク！」で狙いたい商品　138
Section 61　ネットショップで狙いたい商品 〜公式オンラインストアの限定品　140
Section 62　ネットショップで狙いたい商品 〜食品　142
COLUMN　バーコードリーダー×イヤホンを使った応用仕入れ術　144

第 5 章 ▶ 販売率を上げるための出品テクニック

Section 63	【Amazon編】適正な価格の付け方	146
Section 64	【Amazon編】価格改定するときの考え方	148
Section 65	【Amazon編】売れないときの対処法	150
Section 66	【Amazon編】商品状態を書いてトラブル回避	152
Section 67	【Amazon編】購入されやすいコンディション欄の書き方	154
Section 68	【Amazon編】商品の質問の問合せが来たら、迅速に対応しよう	156
Section 69	【Amazon編】外部発注で作業を効率化しよう	158
Section 70	【メルカリ編】プロフィールで一般ユーザー感を出そう	160
Section 71	【メルカリ編】「商品の説明」はとにかく重要	162
Section 72	【メルカリ編】注目されるトップ写真の見せ方	164
Section 73	【メルカリ編】写真は必ず商品状態がわかるように	166
Section 74	【メルカリ編】そのほかのメルカリ販売テクニック	168
COLUMN	せどりは、長期的な視点で取り組むことが重要	170

第 6 章 ▶ 気になる疑問&トラブル解決 FAQ

Section 75	始めるのに資金はどれくらい必要？	172
Section 76	せどりの悪いイメージが気になります	173
Section 77	どうすればたくさん稼げる？	174
Section 78	儲かったら確定申告は必要？	176
Section 79	せどりの将来は大丈夫？	178
Section 80	店員さんにせどりを注意された！	179
Section 81	実際にやってみたけど商品が見つからない！	180
Section 82	保証書の取り扱いはどうすればよい？	181

Section 83	購入者からキャンセルを希望された！	182
Section 84	購入者から商品を返品された！	183
Section 85	発送した商品が破損していた！	184
Section 86	出品者レビューに悪い内容や個人情報を書かれた！	186
Section 87	間違えて違う商品を売ってしまった！	187
Section 88	新品を購入した購入者から展示品だったとクレームがきた！	188
Section 89	Amazonからの問合せがきた！	189
索引		190

■『ご注意』ご購入・ご利用の前に必ずお読みください

　本書に記載された内容は、情報の提供のみを目的としています。したがって、本書を参考にした運用は、必ずご自身の責任と判断において行ってください。本書の情報に基づいた運用の結果、想定した通りの成果が得られなかったり、損害が発生しても弊社および著者はいかなる責任も負いません。

　本書に記載されている情報は、特に断りがない限り、2019年2月時点での情報に基づいています。ご利用時には変更されている場合がありますので、ご注意ください。

　本書は、著作権法上の保護を受けています。本書の一部あるいは全部について、いかなる方法においても無断で複写、複製することは禁じられています。

　本文中に記載されている会社名、製品名などは、すべて関係各社の商標または登録商標、商品名です。なお、本文中には™マーク、®マークは記載しておりません。

第1章 「せどり」って何だろう？

Section 01	「せどり」ってそもそも何？
Section 02	「せどり」って具体的に何をすればよい？
Section 03	初心者にオススメ「店舗せどり」とは？
Section 04	もう1つのせどり手法「電脳せどり」とは？
Section 05	始める前に必要なものって？
Section 06	「店舗せどり」の流れ①　リサーチ
Section 07	「店舗せどり」の流れ②　仕入れ
Section 08	「店舗せどり」の流れ③　出品販売
Section 09	「店舗せどり」の流れ④　発送
Section 10	仕入れた商品の主な出品先を知ろう
Section 11	初心者はAmazonに出品しよう
Section 12	儲けが出るパターンを知ろう
Section 13	せどりで儲かる商品って何だろう？
Section 14	好きなジャンルから始めていこう
Section 15	出品できない商品を知っておこう
COLUMN	せどりの実力は検索数に比例する

第1章 「せどり」って何だろう？

Section 01

「せどり」ってそもそも何？

Keyword
集客力
小リスク

「せどり」は資金やビジネススキルがなくても、最小限のリスクで、あなた1人だけで稼いでいくことができるビジネスです。販売業なのに営業活動をする必要がない、という大きな特徴があります。

せどりは副業で最初にやるべきビジネス

「せどり」とは、**ものを安く買って高く売ることで利益を出すビジネス**です。江戸時代以前から古本やお米を転売する商売を、「背取り」や「競取り」と漢字で表記していましたが、現在はひらがなで表記します。現代ビジネスでのせどりは、安く仕入れた商品をAmazonなどのネットショップで販売するネットビジネスをいいます。日本語なので、せどりをする人を「せどり屋さん」と呼ぶべきかもしれませんが、「せどらー」や「せどらーさん」と呼ぶのが一般的です。

特別なビジネススキルや資金、人脈がなく収入を増やしたいのであれば、せどりを最初のビジネスに選ぶとよいでしょう。この条件でスタートすることができて、短期間で結果を出すことができるビジネスは、せどり以外に知りません。筆者自身が工場勤務の会社員から、副業のせどりで脱サラ独立しました。これまでに200名以上に指導させていただきましたが、多くの人が月数万円のお小遣いから数十万円の本業レベルの収入を現在も継続して稼ぎ続けています。年収1千万円も夢ではありません。

● せどりなら今日からスタートできる

▲ 販売には Amazon やメルカリを利用する。自分のネットショップを作るのは、驚くほどかんたんにできる。

営業活動しなくても稼げる販売業

　せどりは販売業ですが、営業活動が必要ありません。あらゆるビジネスで、お客様を集めるために営業活動は必ず必要です。悩みのタネでもあるでしょう。しかし、せどりで販売に使うAmazonやメルカリなどのネットショップの集客力は、世界トップレベルです。仕入れた商品をネットショップに出品すると、何もしなくても売れていきます。営業活動の厳しさを知っている人はみなさん感動します。**営業活動をせずに、商品を仕入れて売るだけで稼げてしまう**のは、せどりの最大のメリットの1つといえます。

 ## 失敗するほうが難しいくらいリスクが小さい

　せどりは、ほかのビジネスに比べて非常にリスクが小さいです。本来ならば販売業なので、売れ残り在庫が大きなリスクとなります。しかしせどりでは、商品がいつ、いくらで何個売れるのかを、**過去の販売データから正確に予測することができます**。つまり、売れ行きや利益を確定してから商品を仕入れることができる、ということです。販売データがあるので、商品について勉強する必要もありません。経験や知識がなくても、売れる商品を仕入れることができます。正しい仕入れ方さえ覚えてしまえば、失敗するほうが難しいくらいリスクは小さいのです。

● 過去の販売データから売れ行きや利益を正確に予測できる

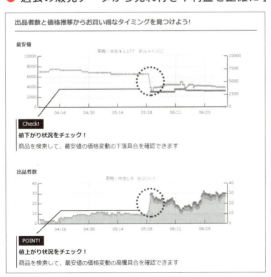

◀「モノレート」というWebツールを使えば、Amazonの過去の正確な販売データを無料で見ることができる（Sec.18参照）。

第1章 「せどり」って何だろう？

Section 02

「せどり」って具体的に何をすればよい？

Keyword
仕入れ
発送

せどりが会社員や主婦など、時間が限られた人でも副業として成功できる理由は、ビジネスの構造がシンプルだからです。全体の流れを把握して、稼いでいる自分を想像してみてください。

せどりは仕入れた商品を送るだけ

　せどりですることはたったの2つ、**商品を安く買う「仕入れ」と、商品を送る「発送」だけ**です。「売る」については、Amazonやメルカリなどにおまかせします。

　仕入れはショッピングモールや家電量販店などの実際のお店でする「店舗せどり」（Sec.03参照）と、オンライン上のネットショップで仕入れる「電脳せどり」（Sec.04参照）に分かれます。それぞれ一長一短ありますが、筆者は店舗せどりが得意です。せどりの利益の9割は仕入れの部分で決まります。

　仕入れた商品はAmazonならすべて専用倉庫に送ってしまって、保管から受注、発送まで委託してしまいます。メルカリは売れるたびに個別に購入者へ商品を送ります。いずれにしても発送が終わると、せどりですることは完了です。

　営業活動やショップを管理する必要はありません。仕入れと発送に専念するだけよいので、忙しくて時間がなくても稼いでいくことができるわけです。**せどりの魅力はいつでも好きな時間に活動ができること**といえるでしょう。

● 仕入れた商品を発送するだけで OK

◀ この商品を発送するだけで、せどりは完了。売れると利益になる。

せどりの仕入れって何をする?

　せどりの仕事のメインは、検索することです。お店へ行って商品の販売データをスマートフォンで検索します（P.22参照）。具体的には、モノレート（P.23参照）で商品のJANコードを調べるだけです。シンプル過ぎるかもしれませんが、本当にこれだけで、**その商品を仕入れて利益が出るかどうかを判断することができます。**

● せどりの仕事道具

◀ JANコードの検索結果を筆者は耳で聞いて判断する。仕事道具「バーコードリーダー」と「Bluetoothイヤホン」。

本当に利益が出る商品があるのか

　Amazonなどのネットショップは、ほとんどの商品が実際のお店と同じか、それ以下の安い価格で売られています。利益が出る商品があるなんて信じられないという人もいるでしょう。しかし実際には、お店では季節や型式が切り替わるなどの理由で**早く売って処分しなければいけない商品が生まれ続けています**。そのような商品が、利益が出る可能性が高い商品です。温泉や湧き水のような、どんどん出てくるイメージを想像してください。だんだんと、そういう商品が見えるようになってきます。

● 処分品のワゴンに利益が出る水筒

◀ 現行モデルではない少し前のキャラクターの水筒。Amazonでは希少価値で高値で販売されている。

第1章 「せどり」って何だろう？

Section 03

初心者にオススメ「店舗せどり」とは？

Keyword
- ライバルの数
- せどりアプリ

店舗せどりは電脳せどりよりも利益率が高く、初心者には最適の仕入れ方法です。スマートフォンに必要なアプリを入れれば、どんなお店へ行っても仕入れができるのも店舗せどりのメリットです。

メリットはライバルが少ないこと

　ネットで仕入れをする電脳せどり（Sec.04参照）では、いつでもどこでも仕入れができますが、日本全国に同じことをしているライバルが大勢います。しかし、実際に店舗へ足を運んで商品を探す**店舗せどりは、ライバルが少なくなっています**。もしかしたらあなた1人かもしれません。

　とはいえ、都市部の家電量販店やディスカウントストアであれば、多少はライバルがいるかもしれません。しかし、地方にしかないお店、チェーンでないお店といった、いかにもライバルが来なさそうなお店なら、あなた専用の仕入れ先となる可能性が十分にあります。あなた専用の仕入れ先を見つけたら、そのお店で定期的に行っているセール情報などについて調べておくようにしましょう。

　また、店員さんに直接「このセールはここの店舗だけですか？　それとも、他店舗でもやっているのですか？」などと個別に質問でき、貴重な情報を得られるのも店舗せどりならではのメリットです。**自ら身体と時間を使って行くからこそ利益が得られる店舗せどりには、電脳せどりにはないおいしさがあります。**

● 店舗せどりと電脳せどり

店舗せどり
- 足を運んだ者のみ仕入れが可能　お店によってはライバルが少ない
- 店員さんから貴重な情報が入手できる

電脳せどり
- いつでもどこでも仕入れが可能
- 日本全国にライバルがいる

▲ 地方のお店や非チェーン系のお店を仕入れ先にすると、ライバルが少ないというメリットを享受しやすい。

利益率が高い

　電脳せどりでは、利益が出る商品は利益が出るとわかれば売り切れてしまうことがあります。しかし店舗せどりでは、利益が出る商品が残っている場合が多く、また、「在庫品限り」など値下げされていて、電脳せどりで仕入れるより安く仕入れられることもあります。

　店舗せどりでは、お店独自のセールでの仕入れや違和感のある商品を探して仕入れることで利益率を上げることができます。店舗で仕入れた商品は、一般的には売上に対して2〜3割、高い人で4割以上の利益率を出すことも可能です。

スマートフォン1つあれば仕入れができる

　店舗せどりは、せどりアプリを入れたスマートフォンさえあれば、アプリを使ってお店で検索するだけで稼ぐことが可能です。アプリはiPhoneでは「せどりすと」、Androidでは「せどろいど」、またはどちらでも使える「Amacode」を利用します（ここではIPhoneの「せどりすと」を例に説明します）。

　お店でリサーチしたい商品を見つけたら、「せどりすと」の画面左上にあるバーゴードのアイコンをタップし、スマートフォンのカメラでバーコードを読み取ります。するとランキングや最安値、粗利などが表示されます。さらにワンタップでその商品のモノレートのページやAmazonの商品ページへと飛ぶこともできます。また、「設定」の項目では、粗利の価格などを入力し、バイブレーション機能を使えば、基準を満たした商品が出てきた際、バイブレーションで通知してくれます。せどりアプリのおかげで効率よく仕入れをすることができるのです。

● 仕入れに欠かせないせどりアプリ

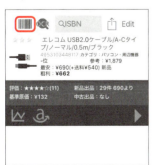

◀ 「せどりすと」では、「設定」で粗利や順位などを入力すると、該当する商品をリサーチした際にバイブレーションで知らせてくれる。

第1章 「せどり」って何だろう?

Section 04

Keyword
Amazon 規約
仕入れ先

もう1つのせどり手法「電脳せどり」とは?

ここではネットで仕入れ、Amazonで販売する電脳せどりについて解説します。仕入れ先はAmazon以外とし、具体的にはどのようなネットショップがよいかを見ていきましょう。

電脳せどりとは

　ネットで商品を仕入れて、ネットで売る、つまりせどりの作業をネットですべて完結することを「電脳せどり」といいます。たとえば、ネットショップで商品を仕入れて、それをAmazonで売る、という方法です。ただし、Amazonから商品を購入して、Amazonに出品する、いわゆる「Amazon刈り取り」は規約上できません。規約に違反するとAmazonの出品アカウントが停止となり、今後一切出品者になることができなくなる可能性があります。

　なお、メルカリやヤフオク!で仕入れた商品は、Amazonで販売することが可能です。ただしこの場合は、以下のガイドラインにある「個人調達商品」（個人から仕入れた商品）にあたり、「新品」での出品は行えません。どんなに未開封で美品だったとしても、「中古」として販売する必要がありますので注意しましょう。

● 「新品」として出品できない商品

以下の商品は、Amazon で「新品」として出品することはできません。

個人調達商品 (個人事業主を除く)。
メーカー保証がある場合、購入者がメーカーの正規販売代理店から販売された商品と同等の保証 (保証期間など) を得られない商品。
Amazon.co.jp で調達された商品 (Amazon マーケットプレイスを含む)。

▲ Amazon セラーセントラル「コンディションガイドライン」
URL https://sellercentral.amazon.co.jp/gp/help/external/200339950

新品で出品可能な電脳せどりの仕入れ先

では、「電脳せどり」の仕入れ先はどこになるのでしょうか？　まず、メジャーな仕入れ先としては、一般の購入者をメインターゲットにしている**実店舗がある店のネットショップ**、「楽天市場」や「Yahoo!ショッピング」など**モール型ECサイトに出店しているネットショップ**になります。

これらネットショップには**アウトレットセール**や**ワケありセール**などがあり、また、「楽天スーパーセール」のようなモール型でのイベントセールや実店舗でいうところの**ワゴンセール**のようなものもあります。実店舗のせどりと同様、セールでは極端に安く仕入れることが可能です。

楽天市場やYahoo!ショッピングなどでは、ポイントサービスを実施しているところも多く、貯めたポイントで仕入れることもでき、お得感を得られることもできるでしょう。

● 楽天スーパーセール

◀ 定期的に開催されるモール型でのイベントセールに注目。
URL https://event.rakuten.co.jp/campaign/supersale/

業者向けネットショップの落とし穴

業者向けのネット卸や、単体でネットショップをやっているところも仕入れ先となります。ネット卸は商品も豊富で、自宅に居ながらにして商品をネットで探せ、また大量に仕入れることもでき、大変便利です。

しかし、**クレジットカードが使えず現金払いのみというところが多いのがデメリット**です。クレジットカードでの支払いが多い出品者にとっては、ここで資金面の壁が出てきます。業者向けのネットショップは初心者にはオススメできませんが、慣れてきたり、現金でも大丈夫と感じられたりしたら、利用してみるのもよいでしょう。

第1章 「せどり」って何だろう？

Section 05

始める前に必要なものって？

Keyword
スマートフォン
バーコードリーダー

せどりはかんたんに数万円稼いだり、専業として独立が可能なビジネスですが、必要なものは驚くほど少ないです。試しに始めてみるだけなら無料でもスタートすることができます。

せどりを始めるのに絶対に必要なもの

　せどりに必要なものは**スマートフォン、パソコン、プリンター、メールアドレス、クレジットカード**の5つです。この中でとくに大事な仕事道具はスマートフォンです。

　スマートフォンはお店で商品を検索して仕入れるかどうかや売れ行きを判断したり、Amazonや購入者との連絡をメールでやり取りをしたりすることに利用します。筆者は本業としてせどりをしているので、常に電源が切れないように予備バッテリーを持ち歩いています。なお、せどりアプリとの相性を考えると、iPhoneのほうがよいですが、Androidスマートフォンでも、使えるせどりアプリは限られますが問題はありません。

　パソコンはネットビジネスなのでスペックの高いものが必要なイメージがあるかもしれませんが、普通にネット検索できるレベルのもので十分です。Amazonに商品を登録したり、発送の伝票を作成したりするのに使う程度だからです。プリンターも高性能のものは必要ありません。白黒しか印刷しませんので、黒インクだけで使用できる機種がよいでしょう。

● スマートフォンはせどりの必需品

◀ 本気でせどりをするなら断然 iPhone がオススメ。せどりアプリと相性がよい。

また、Amazon出品サービスへの登録にはメールアドレスとクレジットカードが必要です。メールアドレスは無料のGmailをオススメします。パソコンでもスマートフォンでも確認できますし、プロバイダーや携帯電話会社のように契約解除で使えなくなることもありません。さらに1人で複数のアドレスを作成できるので、せどり用のGmailアドレスを作成して、管理することもできます。クレジットカードはAmazonにお店を開設するときの本人確認のほか、仕入れをするときにも使いますので、作れるだけ作っておいたほうがよいでしょう。

　以上、せどりで絶対に必要な5つを紹介しましたが、すでに揃っているという人も多いのではないでしょうか。すぐにスタートできるのも、せどりの魅力です。

あると便利なもの

　せどりをする際にあると便利なものが、**お店で商品のJANコードを高速で読み取るバーコードリーダー**です。赤い光を出すことから通称ビームとも呼びます。通常はJANコードを読み取るにはスマートフォンのカメラを使いますが、検索スピードが圧倒的に早いのでバーコードリーダーを利用します。また、お店の中で目立たないというメリットもあります。価格は約3万円と高価ですが、検索スピードは利益に直結します。真剣にせどりをするならば購入を検討しましょう（P.144参照）。

● バーコードリーダーですばやく検索

▲ 英語表記のKDC200iと日本語表記対応のKDC200iM。使い勝手はどちらも同じなので、購入時に安いほうを選ぼう。

第1章 「せどり」って何だろう？

Section 06 「店舗せどり」の流れ① リサーチ

Keyword
仕入れ先
リサーチ

どこでせどりをするか調べることを「リサーチ」といいます。通勤途中や自宅の周りなどあらゆるお店がせどりの対象だと考えてください。慣れてくると、宝探しのような気分になります。

あらゆるジャンルのお店がせどりの対象

せどりは、**どこのお店にも利益が出る商品が普通に売られており、あらゆるジャンルのお店や商品が対象**になっています。筆者は日本全国の大都市から小さな町まで、せどりの仕入れ同行をした経験がありますが、せどりができなかった場所はありません。いつもの生活圏内に、家電量販店、ホームセンター、スーパー、ディスカウント、ショッピングモールやアウトレット、パソコンショップ、子ども衣料品店、カー・バイク用品店、ペット用品店、楽器店、ドラッグストア、リサイクルショップ、100円ショップ、書店、CD店、自転車販売店、スポーツショップ、ゴルフ用品店、釣り具店……というようなジャンルのお店が必ずあるでしょう。どのお店でもせどりが行えます。

せどりは仕入れた商品を自分のショップで売るだけで利益が出ます。これ以上シンプルなビジネスはありません。だんだんと、お店にお金が落ちているような、宝探しをしているような気分になります。リサーチが楽しい作業というのがイメージできたでしょうか。

● ショッピングモールもせどりの対象

◀ 全国にあるイオンは家電から日用品まで、せどりの対象商品が勢揃いしている。

リサーチは驚くほどシンプルでかんたん

　せどりは月に数万円から数十万円、時には月収100万円以上もの収入が可能なビジネスでありながら、**リサーチは驚くほどシンプルでかんたん**です。P.20のジャンルのお店を探すくらいならば、誰でもできることと思います。もしリサーチに技術が必要で、ある限られた場所でしかできないのならば、実績者の数も限られているでしょう。どこでも誰でもできるビジネスだからこそ、成功者も多く、あとから始めても結果が出せるわけです。気軽に買い物のお店を選ぶように、シンプルにリサーチしましょう。そのほうが視野も広くなるので、せどりで稼ぎやすくなります。

 ## 無料のアプリ2つだけでリサーチができる

　私がリサーチに使っているのは2つのアプリだけで、しかも無料のものです。具体的には、「**Googleマップ**」と「**ロケスマ**」です。Googleマップはご存知のようにGoogle社が提供している無料の地図サービスです。ロケスマは全国のチェーン店を検索することができる、こちらも無料のスマートフォンアプリです。この2つを組み合わせることで、全国どこでも知らない土地でせどりをすることができます。筆者は今までに、160人以上のチーム生の住んでいる日本全国の地域で、せどりの仕入れ方を指導してきました。その際、すべてこの2つのアプリを使ってリサーチしています（Sec.46参照）。

● Google マップ

◀ Google マップが素晴らしいのは、常に最新情報を提供してくれること。営業時間や店内の画像、お店のホームページまですべてせどりのリサーチで利用することができる。

● ロケスマ

◀ ロケスマは登録されているチェーン店をジャンルごとに丸いピン印でわかりやすく表示してくれる。地方で展開しているチェーン店なども、ロケスマなら見つけることが可能。

第1章 「せどり」って何だろう？

Section 07

「店舗せどり」の流れ②
仕入れ

Keyword
バーコード検索
モノレート

せどりをするお店が決まったら、実際に商品を仕入れに行きます。仕入れ先では、商品の売れ行きデータなどをバーコード検索し、売れると判断できた商品を仕入れるという流れになります。

せどり専用アプリでバーコードを読み込む

　せどりをするお店が決まったら、実際に仕入れに行きます。仕入れの際には、スマートフォンで商品のバーコードを検索します。これだけのことで、商品の売れ行きを調べて仕入れるかどうか判断することができるのです。具体的には、スマートフォンのせどりアプリからモノレートにデータを飛ばして、売れ行きを調べるという流れになります。

　仕入れ先で売れ行きなどを調べたい商品があったら、**スマートフォンの専用アプリでデータを検索**します（P.15参照）。商品にはJANコードと呼ばれる13桁の数字がバーコードに印刷されており、このバーコードを読み込むことで、データを見ることができます。**バーコードの読み取りはスマートフォンのカメラで行えますが、オススメはバーコードリーダー**です。バーコードリーダーは数字を一瞬で読み取ることができ、検索スピードがスマートフォンのカメラより早く、また、お店で検索していても目立たないことから、購入をオススメします。しかし約3万円と高価なので、初めのうちはなくてもよいでしょう。せどりで儲かってから購入してください。なお、カメラもバーコードも使えないときは、JANコードや商品の型式を手入力することもあります。

● バーコードを読み込んでデータを確認する

◀ 同じバーコードを読み込んでいるところ。スマートフォンのカメラ（写真右）も性能がよく問題なく検索できるが、バーコードリーダー（写真左）のほうがスピードが断然早い。

モノレートでわかること

「モノレート」では、その商品がAmazonで、いつ、いくらで、何個売れたのかデータを見ることができます。商品はほぼ過去のデータ通りに売れると考えて問題ありません。よく売れる商品も、まれにしか売れない商品も過去のデータ通りになります。つまり、仕入れの段階で売れることがわかっているわけです。このことこそ、せどりがリスクが小さいビジネスといわれる要因の1つでしょう。なおモノレートについてはSec.18～19で解説しています。

● モノレート

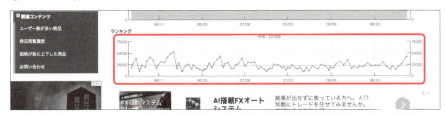

▲ 3ヶ月間のモノレートのAmazonランキングのグラフ。ギザギザした回数だけ商品が売れていることを示している。

 ## 仕入れのときの持ちもの

仕入れに最低限必要なものは、スマートフォンとお財布、持っている人はバーコードリーダーだけです。筆者の場合、さらに検索結果を音声で読み上げて、耳で聞いて確認するため、小さなBluetoothイヤホンも持参しています（P.144参照）。いずれにしても、せどりの仕入れは持ちものはかなり少ないです。

● 筆者が仕入れ時にも持参しているもの

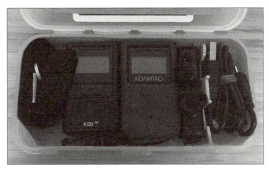

◀ 不具合に備えてバーコードリーダーとBluetoothイヤホンは常に2個ずつ持参している。スマートフォンを見ないで済むので、とてもストレスが少ない。

第1章 「せどり」って何だろう？

Section 08

Keyword
店舗開設
出品販売

「店舗せどり」の流れ③ 出品販売

自分のネットショップを作って仕入れた商品を販売しましょう。Amaoznにショップを開設し、仕入れた商品を販売します。ハードルが高そうに感じますが、かんたんですので安心してください。

Amazonに自分のお店を開設する

せどりで仕入れた商品は、ネットショップで販売します。まずは販売先となるネットショップを開設する必要があります。ネットショップを開設するというと、ハードルが高そうに感じてしまいます。しかし、Amazonへの出店であれば、本当にこれでいいの？というくらいかんたんです（主な出品先についてはSec.10参照）。開設に必要なものはたった5つです。下の表にまとめました。考えたほうがよいのは店舗名くらいですが、あとからでも変更できるので、まずはショップを開設してしまいましょう。通常のネットショップの開設では、見栄えがよくなるように装飾したり、集客のために営業をしたりする必要があります。しかし、Amazonでは開設さえすれば装飾や営業をする必要はありません。月に数千万円も売り上げるようなショップも、初めて作るショップも同じ土俵に立てます。あなたの作ったお店には無限の可能性があると考えてください。

● Amazonでお店を開設するのに必要なもの

①メールアドレス	出品アカウントの作成に必要になります。Amazonとの連絡は、このメールアドレスで行います。重要な連絡もメールで送られてくるので、Gmailのようなスマートフォンでいつでも確認できるものがオススメです。
②クレジットカード	本人確認や手数料の支払いのために必要です。
③店舗情報	店舗名（これから作るお店の名前）、運営責任者（本人でよいでしょう）、お客様からの問合せ電話番号（携帯電話の番号で大丈夫）です。
④電話番号	Amazonとのやり取りで使う電話番号です。③の携帯電話の番号で大丈夫です。
⑤手数料	Amazonに支払う手数料です。大口出品の場合、月間登録料4,900円と、売れた分だけ課金される販売手数料（商品のジャンルにより手数料率が異なる）を支払います（P.56参照）。

Amazonに仕入れた商品を出品する

商品を出品するいっても、販売ページを一から作るような作業は必要ありません。すでにAmazon上にある商品ページに相乗りする形で出品します。通常のネットショップの販売というと、見栄えがよいように写真を撮影したり、わかりやすいように詳しく商品の情報をまとめたりしなくてはいけません。しかし**Amazonではすでにでき上がっているページに出品者として参加するだけ**です。せどりでは1日に何十種類もの商品を仕入れます。副業や時間の少ない主婦でもできるのは、こういった手間や時間がかからない環境があるからです。

● かんたんに出品することができる

▲ 出品したい商品の名前やJANコードを入れるだけで、出品してAmazonで売ることができる。

出品価格を決める

せどりの場合、Amazonでいくらで販売されているか調べてから仕入れをするため、出品価格は仕入れの段階で決まっています。売れることが分かっていて仕入れるというのは、こういうところにも生きています。**高過ぎて売れない期間を過ごしてしまったり、安く販売し過ぎて損をしたりするリスクも最小限で済みます。**

● 仕入れの段階で出品価格はほぼ決まっている

▲ ライバルと比べて自分の出品価格を決める。このとき自分の基準に合わなければ、そもそも仕入れはしない。

第1章 「せどり」って何だろう？

Section 09

「店舗せどり」の流れ④ 発送

Keyword
FBA
メルカリ便

販売するネットショップが、Amazonとそれ以外では発送方法は大きく変わります。Amazonでは、基本的にFBAというサービスを利用するため、仕入れた商品はすべてAmazon倉庫に送ります。

Amazon発送だからこそ副業で稼げる

　販売するネットショップがAmazonとそれ以外（メルカリ、ヤフオク!など）では、発送方法が大きく異なります。

　AmazonにはFBA（フルフィルメント by Amazon）というシステムがあります。これは、Amazonが商品の保管から注文処理、配送、返品に関する購入者とのやり取りまでを代行してくれるサービスです。筆者のように独立したり、副業として会社のお給料以上に稼いだりできるのはFBAなしには成り立ちません。

　出品者がすることは、仕入れた商品をAmazonのFBA倉庫に送るだけです。購入の注文が入ると、AmazonがFBA倉庫から購入者のもとへと商品を発送してくれます。ですので**FBAを利用していると、自分で購入者に商品を発送することはほぼありません**。実際に会社員時代は、勤務中もFBA倉庫から購入者のもとへ商品がどんどん発送されていきました。これからせどりを始めるのでしたら、FBAを使うことを前提にしてください。なお、FBAについてはP.32で詳しく解説しています。

　一方、Amazon以外のネットショップで販売した場合は自分で商品を発送します。せどりや転売というと、こちらのイメージが強いと思います。

● フルフィルメント by Amazon（FBA）

URL https://services.amazon.co.jp/services/fulfillment-by-amazon.html

メルカリの発送はスグレモノ

　Amazonで販売することができなかったり、返品されて処分に困ったりする商品はメルカリでの販売をオススメしています。**オススメの理由の1つに、「らくらくメルカリ便」という配送システム**の存在があります。これは、メルカリが配送会社と契約して、全国同一料金で発送することができるというしくみです。通常は配送距離が遠いと配送料金が高くなって利益が減ってしまいますが、全国同一料金なので安定したビジネスができます。

● らくらくメルカリ便

◀ 全国同一料金で、しかも配送料金を売上から引いてくれるので手間がない。

Amazonでも自己発送の例外はある

　Amazonでの販売で、FBAを利用しない出品もあります。たとえばAmazonのルール上FBAを利用できない商品や、大きくて保管料が高い商品などを販売するときです。この場合は注文が入ると、自分で配送業者に依頼して商品を発送します。ネット販売では**全国から注文が入るため、配送料で損しないように販売するときに設定する必要があります**。発送についてまとめると、基本的にはFBAの倉庫への発送だけです。AmazonのFBA倉庫で扱えない商品やメルカリでの販売のときだけ自分で送ります。

● 自己発送の場合は配送料を考慮

◀ FBAを利用できない大きな商品は自己発送による販売となる。配送料などしっかり計算しないと赤字になってしまうことも。大きな商品は慣れてから出品しよう。

第1章 「せどり」って何だろう？

Section 10 仕入れた商品の主な出品先を知ろう

Keyword
Amazon
メルカリ

基本的にせどりで利用する出品先は、Amazonがメインとなりますが、Amazonで売れなかったものなどをメルカリなど、ほかの出品先で販売することもあります。

💰 メインはAmazon、サブにメルカリを

　本書では、せどりのメインの出品先としてAmazonをオススメしています（Sec.11参照）。Amazonで売れ残った商品や返品された商品、一度開封されてしまった商品はAmazonでは売れにくい場合もあるので、メルカリやヤフオク!で売ります。

　メルカリとヤフオク!は基本的には使い勝手は同じです。Amazonに比べて規約が緩く、売りやすいのが特徴となっています。しかし、落札者とのやりとりなどを1つずつ行わなければならないので、圧倒的に手間がかかることも事実です。また、メルカリとヤフオク!を比べると、メルカリは「メルカリ便」というサービスがあるので、一歩飛び出た感があります。せどりで面倒なのは発送ですが、「メルカリ便」は全国同一の発送料金で送ることができ、また、発送料も売上から引くしくみとなっており、管理もしやすくなっています。**せどり初心者は、Amazonとメルカリ**を利用するとよいでしょう。

■ Amazon

　「Amazon.co.jp」（以下、Amazon）は、アメリカのAmazon.comの日本法人アマゾンジャパンが運営する日本最大規模のECサイトです。2000年のオープン以来、書籍やCDを始め、日用品やファッション、食品、ベビー用品、カー用品など1億種以上の商品を取り揃えています。月額400円の「Amazonプライム」では、無料でお急ぎ便やお届け日時指定便などが利用でき、好評です。

URL https://www.amazon.co.jp

■ メルカリ

2013年よりサービスを開始。2019年現在、累計出品点数10億個以上、月間利用者1,000万人を超えるなど、国内最大級のフリマアプリに成長しています。出品時も購入時も手数料は無料ですが、売れたときは販売手数料として10％引かれます。利用者は20代から30代の女性が多く、個人対個人の取引となります。

URL https://www.mercari.com/jp/

■ ラクマ

楽天が運営するフリマアプリで、2016年に日本初のフリマアプリ「フリル」と楽天の「ラクマ」が統合しました。2019年現在、累計1,000万ダウンロードを超えています。販売手数料は0円で、最短1分からのスピード出品ができます。メルカリは出品者（ライバル）が多いため、ラクマに移動したというユーザーも多いようです。

URL https://fril.jp

■ ヤフオク！

1999年にサービス開始したYahoo! JAPANが提供するインターネットオークションサイト。フリマ機能もありますが、オークションの意味合いが濃く、最高値を出したユーザーへ販売するので、売れるまでに少々時間がかかるのが特徴です。出品するにはYahoo!IDとモバイル確認、または本人確認が必要となり、出品手数料は無料です。

URL https://auctions.yahoo.co.jp

■ 楽天市場

Amazonがデパートだとすれば、楽天市場はいろいろな専門店が集まったショッピングモールといえるでしょう。4万店というショップ数に2億点以上の品揃えを誇ります。ECのプロによるサポート体制が充実していますが、月額出店料やシステム使用料などがかかるため、得意分野などの専門のショップを立ち上げ、本格的にビジネスを始めたい人向けとなっています。

URL https://www.rakuten.co.jp

第1章 「せどり」って何だろう？

Section 11

初心者はAmazonに出品しよう

Keyword
集客力
FBA

せどりの初心者は、まずはAmazonに出品するようにしましょう。圧倒的な集客力があり、FBAやモノレートといったサービスを使うことで、初心者でも成功しやすい出品先です。

Amazonをオススメする理由

これからせどりを始めるという人には、必ず「Amazon」（https://www.amazon.co.jp）への出品をオススメしています。なぜAmazonをオススメしているかというと、Amazonにはほかの出品先とは比べものにならない最大の魅力「圧倒的な集客力」があります。また、出品者にうれしい「FBA」というサービスもあり、こちらもオススメする大きな理由の1つです。さらに「モノレート」というWebサイトのデータを活用すれば、必ず売れる商品を仕入れることができます。このように、売れることが確実にわかっている商品を仕入れることができるのは、Amazonだけです。

● Amazonがオススメな3つの理由

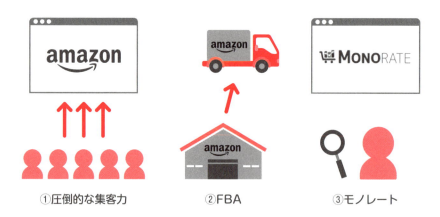

①圧倒的な集客力　　②FBA　　③モノレート

▲ 圧倒的な集客力、FBA、モノレート。この3つの理由からAmazonへの出品をオススメしている。

とにかく集客力が違う

　たとえばネットショップを自分で作成して商品を販売する場合、購入してくれそうな人に認知してもらえるよう、宣伝などをして集客する必要がありますが、Amazonに出品するのであれば、そのような必要はありません。Amazonは本やCDから家電、衣類、ベビー用品、ペット用品、さらには松ぼっくりや古新聞といったものまで、ありとあらゆるものを販売し、それらを求めてたくさんの人が訪れています。

■ 日本のECサイトナンバーワンの利用者数

　調査会社ニールセンデジタルは、2018年6月においてAmazonにパソコンおよびスマートフォンからアクセスした利用者数は、日本国内で、それぞれのデバイスを重複するものを除くと約4,079万人とのデータを発表しました。これはECサイトのうち、楽天市場やYahoo!ショッピングを抜きもっともアクセスを集めているとしています。Amazonに出店するということは、渋谷のスクランブル交差点で露店を広げているようなものです。その**集客力抜群のECサイトに誰もが相乗りして出品ができるというのは、圧倒的な強み**となります。

● 日本の Amazon の利用者数データ（2018 年 6 月）

・月間利用者数約 4,079 万人
・日本国内 EC サイト利用者数 1 位

▲ 誰でも出品アカウントを作成すれば、Amazon のこの集客力に相乗りができる。

ニールセンデジタル株式会社「18-64 歳の人口の 56% が「アマゾン」、「楽天市場」を利用～ニールセン EC サービスの利用状況を発表」
URL http://www.netratings.co.jp/news_release/2018/08/Newsrelease20180830.html

FBAで面倒な作業はAmazonに代行してもらう

　Amazonでせどりを始める際、必ず利用したほうがよい便利なサービスが「**FBA（フルフィルメント by Amazon）**」（https://services.amazon.co.jp/services/fulfillment-by-amazon.html）です。これは**出品者に代わり、Amazonが商品のピッキング（棚出し）から梱包、発送、代金請求、アフターフォロー、在庫管理を行ってくれるというサービス**です（P.56参照）。

　販売者にとって面倒なのは、発送するための箱の準備や各商品に合わせた梱包、個々の宛先書き、購入者の希望に沿った発送サービスでの発送作業など、商品の発送に関わる雑務です。これだけで貴重な時間を取られてしまい、重要な仕入れの時間がなくなってしまいます。また、販売用に仕入れた大量の商品を自宅内に保管することにも限度があります。そのようなときに助けてくれるのが、FBAなのです。

　さらにFBAが素晴らしいのは、Amazonの配送センターからの発送なので、購入者の安心感や信頼度も厚いことです。Amazonには注文したその日のうちに商品を受け取れる「Amazonプライム」というサービスがあります。FBAはこのAmazonプライムにも対応しているので、お客様の購入率もアップするのです。

● FBA が行ってくれること

業務効率化

- 商品の保管、受注処理、配送、返品対応の代行
- 休日、祝日や繁忙期など急な需要増でも購入者のもとへ安定して配送が可能
- 商品配送後の問合せや返品対応の代行
- 購入者からのギフトラッピング、ギフトメッセージに無料対応

販売の訴求

- Amazon プライム対象商品として販売が可能
- Amazon 内の検索で上位表示しやすくなる
- ショッピングカートの獲得がしやすくなる
- 通常配送無料が適用される
- 当日お急ぎ便、お急ぎ便、お届け日時指定便に対応し、最短のお届け日が表示されるようになる

▲ FBA の利用はメリットだらけ。本書では、FBA の利用を前提とした解説を行っている。

モノレートで確実に売れる商品がわかる

　通常は商品を仕入れる際、どれくらい売れるかを季節や経験などさまざまな要因を考えて仕入れます。しかし、仕入れたとしても確実に売れるわけではありません。大量に在庫を抱えてしまうかもしれないリスクと常に隣り合わせです。

　しかし、Amazonでは**モノレート**（Sec.18〜19参照）を利用すれば、どれくらい売れるのかが予測でき、仕入れ数を読み取ることができます。「確実に売れるのがわかって仕入れができる」ビジネスは、Amazonせどりしかありません。

● モノレート

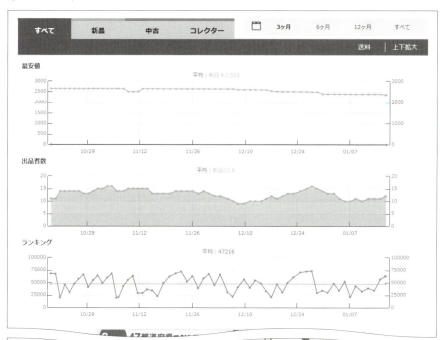

▲ 仕入れる前にモノレートでどれくらい売れるのかを確認することが可能。

第1章 「せどり」って何だろう？

Section 12

儲けが出るパターンを知ろう

Keyword
安売り値
プレ値

せどりは誰にでもできるシンプルなビジネスです。利益が出るパターンは2つだけしかありません。混乱したときは、このSectionを読み返して考え方をリセットしてください。

せどりで儲かるには2つのパターンしかない

　せどりで儲けを出すには、2つのパターンがあります。1つは、**安売り値で仕入れてAmazonで売るパターン**です。お店では、通常価格5,000円で売られている商品が、2,000円という安売り値で売られるということがあります。通常価格が5,000円の商品の場合、だいたいAmazonでも5,000円前後で販売されているということが多いので、この商品を仕入れてAmazonで販売すると、3,000円の利益をあげることができます（実際は経費や手数料などが発生しますが、説明のために無視しています）。

　そしてもう1つは、**需要が供給を上回った商品をAmazonで売るパターン**です。Amazonでの価格は、商品がほしい人の数と流通量で決まります。需要が供給を上回ると、価格は上がります。通常価格5,000円の商品が、10,000円で取引されることもよくあることです。このように通常価格よりも高くなった価格を**プレ値**（プレミアムな値段）といいます。お店で普通に通常価格の5,000円で仕入れた商品が10,000円で売れるので、5,000円の利益になります。

● せどりで儲けを出すパターン

▲ せどりでは基本的にこの2パターンで利益を出すことになる。

安く買ってプレ値で売るビックボーナスもある

安売り値で買ってプレ値で売ることができると、かなり大きな利益につながります。 たとえば2,000円の安売り値で買った商品が10,000円のプレ値で売れると、8,000円の利益になります。これはP.34で解説した2つのパターンの複合型になっているだけですので、新たなパターンとは考えずに分析するようにしましょう。

プレ値の商品は、お店では普通に通常価格で売られているので「違和感」(Sec.31参照) がありません。しかし筆者の方法では、パッケージの状態や商品の陳列状態を見極めることで生産終了品や流通量が少ない希少品に出会う確率が高く、違和感の1つに含まれます。この複合型パターンは大きな利益になるので、まさしくビッグボーナスといえます。

● 安売り値で仕入れることができるプレ値商品

◀ 14,000円でAmazonで売れる商品が、6,000円で売られていることも。

💴 Column 安いものを探すのが、せどりの王道

安売りしている商品は、ワゴンセールであったり、ほかの商品とポップが違っていたりと目印がある場合が多いです。この目印を見つけられれば、商品の知識がなくても安売り品を探すことができます。これができるようになると、知らない地域の不慣れなジャンルのお店でも仕入れが可能になります。特別な知識や経験が必要ないので、最初に身に付けるべきせどりの王道といえます。

▲ せどりの王道はやはり安売り値の商品の仕入れ。5,000円以上で売れる商品が500円で売られていることも。

第1章 「せどり」って何だろう？

Section 13

せどりで儲かる商品って何だろう？

Keyword
季節商品
せどり脳

「せどり脳」を鍛えることが、儲かる商品を見極めるカギとなります。一般常識とは異なる商品の売れ方に注目して、「せどり脳」を鍛えましょう。

せどり独自の考え方で考える

せどりでどのような商品が高値で売れるかを考える際に、**世間一般の常識は一旦横に置いておきましょう**。たとえば季節商品では、実店舗内の商品展開と現実社会のズレを心に留めておく必要があります。

夏の定番商品である扇風機の場合、実店舗では夏前か夏真っ盛りに売れる商品です。家電量販店やホームセンターではその時期に合わせて商品を大量に陳列しますが、お盆の時期を過ぎると、店頭には置かれなくなります。なぜなら、実店舗では季節感を先取りし、早めに秋物の商品へとシフトしたいからです。しかし、現実には残暑は9月半ばまで続いており、扇風機を求める人は多数います。そのような人は、実店舗に売っていないものは、インターネットで、Amazonで購入します。その際、購入者は多少高くても購入するものです。さらにいうと、実は扇風機は季節を問わず1年中売れている商品でもあります。

このように季節商品は、**実際のお店で売られている時期とインターネットでの販売とではズレがある**ということ。この考え方を大切にしてください。

● 扇風機は実店舗では夏のみ

◀ お盆まではこのように店頭に並ぶが、お盆を過ぎると秋商品に切り替わる。

人気がある商品が高く売れるとは限らない

　また、世間一般の常識とのズレとして、「**人気がある商品が高値で売れるかどうかは別問題**」ということもあります。

　たとえば、戦隊もののキャラクター関連商品を見てみましょう。一般的に人気があるのは、物語の主人公となるメインキャラクター（たとえば赤）です。メインのキャラクターは人気があるだけに、ほかのキャラクターに比べ、フィギュアなどは多く生産されます。しかし、世の中にはサブとなる二番手、三番手のどちらかというとマイナーなキャラクター（たとえば青や緑、黄色）が好きなファンもいます。しかし、生産数は、サブキャラクターの商品のほうがメインキャラクターに比べれば少ないのが一般的です。そこが狙い目です。

● 戦隊ものはサブキャラに注目

メインキャラクター
多く生産されているので
多く流通し、入手しやすい

サブキャラクター
生産数が少ないため
流通も少なく、入手しにくい

▲ 人気商品よりもそのサブとなるもののほうが高値で売れることがある。

　ここで紹介した「季節を問わず季節商品は売れる」「サブキャラクターの商品のほうが売れる」というような考え方を、筆者は**せどり脳**と呼んでいます。このせどり脳を鍛えることが、仕入れた商品を高値で売るコツです。

第1章 「せどり」って何だろう?

Section
14

好きなジャンルから始めていこう

Keyword
得意ジャンル
横に広げる

せどりでやることはすべて「安く買って高く売る」です。さまざまな商品ジャンルがありますが、最初は、自分の得意なジャンルを見つけてそこから始めるようにしましょう。

 ## あなたがせどりしやすいジャンルは?

　せどりはP.20で紹介したように、あらゆる商品ジャンルが対象です。これからせどりを始める人やせどり初心者にとっては、不慣れなジャンルの仕入れには苦手意識があるはずですので、**よく行くお店やせどりがしやすそうな印象を持つジャンルから始める**ことをオススメします。

　たとえば男性はヤマダ電機など家電量販店でせどりをする傾向があります。反対に女性は商品知識が心配、店員さんの視線が気になるなどの理由で家電量販店ではせどりをしにくいと考える人が多いです。代わりにショッピングモールや雑貨屋さんでのせどりが多いようです。

　せどりは、このジャンルでないと稼げないというのはありません。**やりやすいと思うジャンルから始めてください**。また、せどりはたくさん検索することが基本です。その際、やりやすい好きなジャンルのほうが検索しやすく、当然結果も伸びやすくなります。ちなみに筆者は、平日のショッピングモールなどの平和でゆったりしたお店でせどりをするのが好きです。

● 雑貨屋さんもせどりの対象

◀ 自分がよく行くお店をホームグラウンドにするとせどりも楽しくなる。

得意ジャンルを広げていく

　得意なジャンルのお店を見つけたら、利益が出る商品が見つかるまでがんばってたくさん検索しましょう。軸となるような基本の仕入れ店舗ができるとよいでしょう。そこからジャンルを広げていきます。ジャンルが違っても同じ商品を扱っていることがあります。たとえば水筒を扱っているお店で考えた場合、イオンのようなショッピングモールのほかに、ホームセンター、ペット用品店、書店でも筆者は実際に水筒を仕入れた経験があります。つまり**1つのジャンルが得意になれば横に広がっていく**ということです。

● 1つのジャンルから横に広がる

◀ 家電量販店でもおもちゃやペット用品は扱っている。

 ## どんなジャンルでも同じやり方でせどりをする

　筆者が扱うジャンルや商品は雑食です。利益が出てAmazonで販売できるならどんな商品でも扱うという考え方をしています。各ジャンルで分けてしまうのは、稼ぐチャンスを自分自身で狭くすることになるのでオススメしません。お店を攻略できるようになると、どんなジャンルでも同じやり方でせどりができるようになります。**仕入れジャンルは無限に対応するスタンス**でいきましょう。

● 利益が出ればジャンルは問わない

◀ ディスカウントショップには幅広いジャンルの商品がある。同じお店の中でも、さまざまなジャンルの商品を仕入れよう。

第1章 「せどり」って何だろう？

Section 15

出品できない商品を知っておこう

Keyword
出品禁止商品
ニセモノ

Amazonでは多彩な商品の販売ができます。しかし出品禁止ルールがあり、メーカー別に出品規制がある場合もあります。事前にある程度、出品できない商品を知っておきましょう。

出品ルールは誰が決めるのか

　Amazonの出品禁止商品（下記表参照）は、Amazonが決めています。また、規定の商品以外にも流行りの商品でニセモノが出回ったときには、Amazonが出品を一時的に禁止することもあります。ほかにも、メーカーが転売を嫌うなどを理由に、出品を制限する商品もあります。このように出品ルールは販売先やメーカーにより、その時々によって変化します。

　ルールが変化する、というと安心してせどりができないような印象がありますが、実際はほとんどの商品をAmazonで販売することができますので安心してください。イメージとしてはイオンやイトーヨーカドー、アピタなどのショッピングモールやスーパーで扱われている商品全般です。食品から家電、おもちゃ、調理器具まであらゆる商品があります。Amazonでもともと決まっている禁止商品は仕方ありませんが、変化によって規制される商品やメーカーは、一部の限られたものです。

　なお、メルカリやヤフオク!などにもそれぞれ出品ルールがあり、Amazonとは多少異なります。

● Amazon 出品禁止商品一覧

非合法の製品および非合法の可能性がある製品／許認可／リコール対象商品／不快感を与える資料／ヌード／「アダルト」商品／アダルトメディア商品／18歳未満の児童の画像を含むメディア商品／オンラインゲームのゲーム内通貨・アイテム類／Amazon.co.jp限定 TVゲーム・PCソフト商品／同人PCソフト／同人CD／一部ストリーミングメディアプレーヤー／Amazon Kindle商品／プロモーション用の媒体／一部食品／輸入食品および飲料／ペット／動物用医薬品／Amazonが販売を許可していないサプリメント・化粧品・成分例／医療機器、医薬品、化粧品の小分け商品／海外製医療機器・医薬品／海外直送によるヘルス＆ビューティ商材／ペダル付電動自転車／ピッキングツール／盗品／クレジットカード現金化／広告／無許可・非合法の野生生物である商品／銃器、弾薬および兵器／不快感を与える商品／制裁対象国、団体並びに個人

▲「Amazon 出品サービス 出品禁止商品」
URL https://services.amazon.co.jp/services/sell-on-amazon/prohibited-items.html

出品ルールを調べる秘密の方法

　出品できる商品かどうか、誰でもかんたんに、しかも確実に調べられる方法として、Amazonのカスタマーサービスがあります。カスタマーサービスでは、電話やチャット、メールといったあらゆる手段に対応しており、質問に答えてくれます。たとえば、「具体的に〇〇という商品名のJANコード〇〇の商品を販売したいのですが可能でしょうか」といった内容を質問すると、販売できるかどうかを答えてくれます。つまりAmazonのお墨付きで安心して出品することができるということです。筆者は「Amazon Seller」アプリで確認するほか、チャットで問合せています。**チャットならやり取りが文字として残るので便利**です（Sec.21参照）。

● スマートフォンからチャットで確認

◀ iPhoneでチャットのWebサイトをホーム画面に登録すると、仕入れ中に問合せがしやすくて便利。

 ## ニセモノだけは絶対に取り扱わない

　Amazonに限らず、あらゆる媒体で共通しているのがニセモノを取り扱ってはいけないということです。ここで注意すべきこととして、「ニセモノと気付かずに販売してしまうこと」です。お客様の手元に届いてから**ニセモノだとわかり、Amazonに通報されるとAmazonの出品アカウント停止や、場合によっては削除の可能性**があります。ニセモノが出回るということは、それだけ人気のある商品という共通点があります。人気商品を極端に安く仕入れができそうなときは、ニセモノかどうかに要注意です。

● 怪しい商品と思ったら取り扱わない

◀ キャラクターものやブランドものなどの人気商品はニセモノが出回る。怪しいと思ったら販売しないほうがよい。

COLUMN

せどりの実力は検索数に比例する

せどりの業界には、情報コミュニティや利益商品が検索できるツールなど、たくさんの情報が溢れかえっています。すべてを否定するつもりはありませんが、そのほとんどがあなたを失望させるものばかりのはずです。せどりは安く買って高く売るだけのシンプルなビジネスです。しかし、ここが落とし穴でもあります。ちょっとよい情報があれば楽に稼げるのではと思ってしまいがちです。

どのビジネスにも、ノウハウコレクターという人が存在します。本棚や頭の中に知識はあっても、大した実力がない人。そういう人に限って新しいノウハウがあると買い続けます。さらに、せどりの場合はお金を稼ぐ方法ということもあり、ノウハウの売り方も人の欲求を利用して高額だったりと非常に巧妙です。それらに手を出す人の多くは、せどりは稼げない、といってやめてしまいます。

ここで騙されない方法を教えます。それは、楽して稼ごうとしないことです。せどりは確かに稼げます。数万円のお小遣いから数十万円の副業脱サラも十分に可能です。しかし、せどりはかんたんですが楽ではないということ。世の中に流通している商品のほとんどは、Amazonで販売しても利益が出ません。その中から儲かる商品を見つけるには、それなりの苦労をして探す必要があります。楽して何十万円も稼げるわけありません。

どのくらい行動したらよいのかは、自分で汗をかいて知る必要があります。ではどうしたらよいのか。その答えとして、安心・信用して大丈夫な指針があります。せどりで絶対にあなたを裏切らないもの、それは実際にせどりでお金を稼ごうとした行動量、つまり検索した量です。行動量だけは実力に直結して比例します。行動量が増えると自信も出てきます。実際に自分で汗をかいて行動して実力を身に付けましょう。そうして身に付いた実力や考え方は、怪しい情報や嘘からも身を守ってくれます。どのくらいがんばったかを自分自身が知っているからです。悩んだり不安になったらとにかく行動しましょう。

検索量、行動量があなたを成長させてくれます。しかも正しく行動するだけで、嫌でも稼げてしまうのがせどりなのです。

第2章

仕入れのやり方と出品方法

Section 16	仕入れの具体的な手順を知ろう
Section 17	せどりアプリで商品を検索しよう
Section 18	モノレートで売れる商品かどうか判断しよう
Section 19	モノレートをもっと読み解こう
Section 20	セラーアプリで儲けが出るかどうか判断しよう
Section 21	Amazonに出品できるか確認する方法を知ろう
Section 22	Amazon出品サービスのしくみと費用を知ろう
Section 23	Amazonに出品するための準備をしよう
Section 24	Amazonに商品を出品しよう
Section 25	Amazonで中古品を販売しよう
Section 26	メルカリにはどのような商品を出品する?
Section 27	メルカリに出品するにはどうすればよい?
Section 28	メルカリに出品するための準備をしよう
Section 29	メルカリに商品を出品しよう
COLUMN	モノレートの代用に「Keepa」と「DELTA tracer」を使う

第2章 仕入れのやり方と出品方法

Section 16

仕入れの具体的な手順を知ろう

Keyword
カート価格
FBA

せどりでは、どのように商品を仕入れればよいのでしょうか？ また、仕入れた商品はどのような値段で出品をすればよいのでしょうか？ ここでは仕入れの手順や出品価格について解説します。

仕入れの流れを把握する

　せどりで商品を仕入れる流れを、ここで確認しておきましょう。初めに、お店で仕入れるべき商品、つまり利益をあげることができそうな商品を探します（Sec.30～32参照）。商品が見つかったら、「Amacode」などスマートフォンのせどりアプリを利用して、商品を販売したときのおおまかな利益（粗利＝Amazonからの入金額）を確認します。この時点でもし利益が出そうになければ、切り替えて次の商品を探しましょう。次にモノレートのデータを確認し、売れている商品かどうか、ライバルは何人いるのかなどを調べます。売れ行きも問題ないとわかったら、さらに、Amazonの提供する出品者専用アプリ「Amazon Seller」アプリで、売れたときにAmazonからいくら入金されるかを正確に計算します（Sec.20参照）。**計算した入金額とお店での販売金額を比較し、儲けが出ると判断したら、いよいよその商品を仕入れます**。初めのうちは時間がかかってしまうかもしれませんが、慣れればサクサクとこなせるようになります。数をこなすことが大切です。

● 商品を仕入れる手順

① **商品探し** お店で仕入れるべき商品があるか探す
② **検索** せどりアプリで商品を検索し、おおまかな利益（粗利＝Amazonからの入金額）を確認して、利益が出る可能性があるか判断する
③ **売れ行き判断** せどりアプリからモノレートを表示し、「売れる商品かどうか」「ライバルの数」などを確認して、仕入れても問題ないか判断する
④ **利益計算** セラーアプリを使い、売れたときの正確な利益（Amazonからの入金額）を計算する
⑤ **仕入れ** その利益とお店での販売価格を比較、儲けが出るのであれば仕入れる

出品価格についての考え方「カート価格」

　ここでは、仕入れた商品をAmazonへ出品するときの価格について考えてみます。購入者はAmazonへアクセスし、商品検索を行い、検索結果から商品名や値段を見て、個別の商品ページへと移動します。ほとんどの購入者はすぐに商品がほしいので、とくに問題なければショッピングカートに入れてそのまま支払い画面へと進みます。ここで大事なのは、自分が出品した商品が選ばれなくては利益にならない、ということです。複数の出品者がいる中で、自分の商品が選ばれることを「**カートを獲る**」、その販売価格を「**カート価格**」といいます。

　では、どうすればカートが獲れるかというと、①**FBA出品する**、②**FBA出品の中の最安値に設定する**、の2つです。「FBA」とは、Amazonが販売者に代わり在庫管理や発送を代わりに行ってくれるサービスで（P.32参照）、このFBAを利用すると「カートが獲りやすくなる」というメリットがあります。また、複数の出品者からFBA出品されている場合は、安い値付けをしている出品者がカートに選ばれやすくなります。ですので、「出品価格」＝「カート価格」と考えましょう。

　なお、AmazonにはAmazon本体が出品している場合と、出品者（マーケットプレイス）が出品している場合があります。商品価格について確認する際に注意したいのが、Amazon本体が出品していて、かつ最安値（カートを獲っている）の商品です。Amazon本体がカートを獲っている場合、Amazonの方が断然有利となるので利益を出しにくいといったことが多々あります。このようなときにはSec.63を参考に値付けをして利益を出すようにしてください。

● カートとは？

◀ ＜カートに入れる＞をクリックしたときに出品した商品が選ばれると利益になる。画面下の青字の「新品の出品：25」はライバル出品者の数で、隣の赤字「¥2,041より」が最安値。画面上部の「カートに入れる」をクリックすると、自動的にカートを獲った出品者から商品を購入することになる。

第2章 仕入れのやり方と出品方法

Section 17

せどりアプリで商品を検索しよう

Keyword
仕入れ判断
せどりアプリ

気になる商品を見つけたら、せどりアプリで検索します。せどりアプリで初めに判断することは、「その商品が利益を生む可能性」です。可能性ありと判断できた場合のみ、モノレートに進みます。

調べる商品を選別する

気になる商品を見つけたら、「せどりすと」「せどろいど」「Amacode」などの、**せどりアプリで商品のJANコードを読み込んで検索**します。読み取りにはスマートフォンのカメラかバーコードリーダーを使用します。せどりアプリでは、Amazonで売れた場合の入金額（粗利）の概算を計算してくれます。この数字とお店での販売価格と比べて利益が出そうならモノレートで売れ行きを調べて、最後にセラーアプリで正確な利益計算をするという流れです。**店舗せどりの仕入れ判断は、この一連の流れを時間や手間をかけずに効率よく行う必要があります**。なお、無料版では「Amacode」、有料版では「せどりすとプレミアム」がオススメです。「せどりすとプレミアム」では、あらかじめ設定したアラート条件のときだけ音声やバイブレータで知らせてくれたりと、セラーアプリを使わなくても正確な利益計算ができるといった便利な機能が搭載されています。

● 「Amacode」で商品を検索する

◀ 新品で13,986円で販売されていて、概算の入金額が、12,507円であることがわかる。お店の値札がこの金額以下なら利益が出る可能性があるので、モノレートに進める。

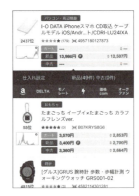

◀ 「Amacode」からモノレートへは、ボタン1つで飛ぶことができる。モノレートを見て販売価格や仕入れる個数が決まったら、セラーアプリで正確な手数料や利益計算をして実際に商品を仕入れる。

第2章 仕入れのやり方と出品方法

Section 18

モノレートで売れる商品かどうか判断しよう

Keyword
モノレート
ランキング

商品を実際に仕入れる前に、必ず確認しておきたいのが「その商品は売れる商品なのか」です。Amazonでの商品の売れ行きは、「モノレート」というWebサイトで調べることができます。

商品の価格や在庫数、ランキング推移がわかる

　せどりを行ううえで絶対に欠かすことができないのが、「モノレート」（https://mnrate.com/）です。モノレートは無料で利用できるAmazonとは無関係な外部サイトですが、**現在Amazonで売られている商品の過去の価格や在庫数、Amazonランキングの推移を知ることができます**。商品は、商品名や型番、JANコード、ISBNコード、ASINコードなどで検索することができ、店舗せどりでは「Amacode」などのスマートフォンのアプリからアクセスして確認します。

　商品を仕入れる際に、その商品がいくらで売れるのか、どれくらいの頻度で売れるのかを知ることができれば、利益が出るかどうかを判断して、仕入れる数も決めることができます。これを可能にするのがモノレートです。モノレートを使えばこれから売れる数をかなり正確に予測することができるのです。

　過去にどのように売れたかの推移を確認することで、どのようなタイミングで売れるかを予測することが可能になります。さらに、売れるタイミングを読むことができれば、仕入れの際に必要より多く仕入れてしまうリスクも、在庫を抱えてしまうというリスクも最小限に抑えることができるということです。

● 商品の過去の価格、在庫数、ランキング推移が確認できる

◀「モノレート」
URL https://mnrate.com/

ランキングのギザギザに注目する

　モノレートで注目すべきポイントを解説します。グラフは上から「最安値」「出品者数」「ランキング」の順に並んでおり、もっとも重要なのは、上から3番目にある「ランキング」です。とくに注目して欲しいのは、データを示す線のギザギザです。**ギザギザが多いほど、ランキングが頻繁に変動していることを表しており、よく売れている商品**といえます。また、一定の間隔でギザギザができている場合、一定の時間を経れば必ず売れる商品であることがわかるので、仕入れても大丈夫という判断ができます。

　なお、モノレートは3ヶ月、6ヶ月、12ヶ月、すべて（全期間）の中から表示する期間を設定できるので、知りたい期間を設定して確認しましょう。初めは、直近の売れ行きを確認しやすい「3ヶ月」で見ることをオススメします。

● モノレートのデータ例

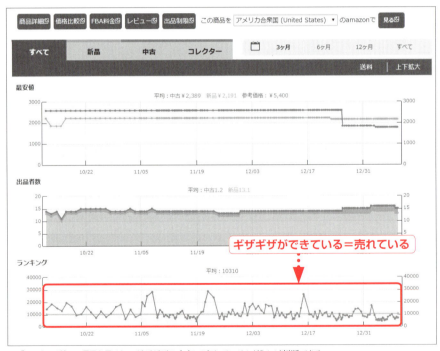

▲「ランキング」の項目を見ると、ギザギザの有無で売れているかどうかが判断できる。

第2章 仕入れのやり方と出品方法

Section 19 モノレートをもっと読み解こう

Keyword
仕入れ判断
お宝商品探し

モノレートからは、さまざまなデータを読み取ることができます。ここでは、仕入れをする際の個数の適量判断や、お宝商品の探し方を解説します。

仕入れの適量判断ができる

　せどりをスタートする人のほとんどは、仕入れを、現金を使わなくて済むクレジットカードで行うことが多いです。決済の際に2回払いを指定すると金利手数料はかからないので、この期間内に商品を仕入れて、販売回収することを考えます。そのことを踏まえて、最初の仕入れでのモノレートの使い方の一例を紹介します。

　モノレートのランキングを見たときに、1ヶ月に必ず10個コンスタントに売れている商品があったとします。さらにこの商品の出品者数を確認すると、ゼロ、つまりライバルがいないということがわかったとします。この結果を踏まえると、自分で10個仕入れて出品すると、出品した10個が1ヶ月ですべて売れるだろうという仕入れ判断ができます。しかし、出品者数を確認した際に、もしライバルが4名いたとしたら、目の前に10個商品があっても自分を入れた5名で等分しなければならなくなります。10個の商品を5名で割る。つまりこの場合の仕入れ適量は2個というわけです。**出品者数も見て、自分がどのくらい仕入れることができるか判断してください。**

● 1ヶ月に10個売れる商品の場合

◀ 1ヶ月に10個売れる商品の場合、出品者が自分だけの場合は10個仕入れればすべて売ることができるが、自分を入れて5人の場合、分け合う形となり、適した仕入れ数は2個ということがわかる。

高値で売れる可能性を秘めたお宝商品を探す

　現在出品者がいない場合は、高値で売れる可能性を秘めたお宝商品かもしれません。ただしこのような商品は、直近のランキングではギザギザがないので「売れていない」と判断して見逃してしまいがちです。出品者がいなければランキングが動かないのは当たり前で、大切なのは出品者がいたときの売れ方を確認することです。

　下の画像では出品者がいたときには売れて、ランキングのグラフがギザギザしています。これは出品すれば売れる商品ということです。このように**出品者がいない商品は、以前のデータを見ることで「出品したらいくらで売れるのか」を予測することができます**。さらに細かく時期や数量も予測することができるので、そのような商品を仕入れて出品すれば、売上を見込むことが可能となります。Amazonでは不思議なことに、「えっ？　こんなに高値でも購入する人がいるの？」というくらいの強気な価格設定をしたとしても、確実に利益が見込める商品というものがあります。多少高値でもほしい人はいるもので、現在出品者がいない商品はその可能性が高いです。

　出品者がいない商品を見つけたら、しっかりモノレートで「出品したらいくらで売れるのか」を確認しましょう。**ライバルも不在なので強気で高値の販売価格に設定しても、すぐに売れるかもしれません**。お宝商品の可能性があります。

● 過去に売れていたが今は出品者がいないお宝商品

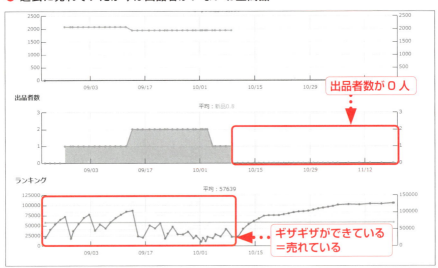

▲ 現在出品者がいない商品のモノレート。出品すると必ず売れていたが、現在は出品者がいない。このような商品は過去の販売価格よりも高くても、売れていくパターンが多い。

第2章 仕入れのやり方と出品方法

Section
20

Keyword
仕入れ判断
セラーアプリ

セラーアプリで儲けが出るかどうか判断しよう

利益が出そうな商品を見つけたら、実際に仕入れる前に、その商品がAmazonで売れた場合、手数料を引いていくらが入金されるのかを計算します。計算には、セラーアプリを利用します。

セラーアプリで正確な利益を確認する

　モノレートで売れる商品だと判断できたら、いざ商品を仕入れる前に、いくらの儲けが出るかを正確に算出します。利益計算にはAmazonの提供するセラー専用のスマートフォンアプリ**「Amazon Seller」アプリを使います**。アプリを起動後、＜商品登録＞をタップし、商品のJANコードを入力します（📷をタップしてスマートフォンのカメラで読み取ることもできます）。商品が表示されたら、＞をタップして「商品の詳細」画面を開き、下記を参考に利益を確認します。

●「Amazon Seller」アプリで利益を確認する

◀「商品の詳細」画面（写真左）で計算式の右にある＞をタップし❶、＜Amazonから出荷＞をタップする❷。「販売価格」を入力し❸（自動的に最安値が自動的に入力される）、「仕入原価」にお店での仕入れ価格を入力すると❹、「利益」の項目に売れるとAmazonから入金される金額が表示される❺。

第2章 仕入れのやり方と出品方法

Section 21

Keyword
出品禁止商品
出品制限

Amazonに出品できるか確認する方法を知ろう

Amazonへの出品が制限されている商品かどうかは、直接Amazonに聞くのがベストでしょう。確認方法はアプリ、チャット、電話、メールの4つがあります。

出品できるかどうか4つの確認方法

　Amazonには同社が指定する出品禁止商品のほか、メーカーによる制限商品など、出品してはいけない商品があります（Sec.15参照）。これから出そうとしている商品が出品可能な商品かどうか確認するには、以下の4つの方法があります。

　1つ目は、Amazon出品者専用のアプリ「**Amazon Seller**」アプリで調べる方法、2つ目は、Amazonカスタマーセンターへ**チャット**で問合せる方法、3つ目は、**電話**でAmazonカスタマーセンターへ問合せる方法（フリーダイヤル0120-999-373）、4つ目は、Amazonのヘルプ＆カスタマーサービスのホームページの**フォームからメール**で問合せる方法です。

　実際に仕入れ現場でよく使う方法は**「Amazon Seller」アプリでの確認**です。P.51の利益計算と同じ流れで、出品条件のところに「この商品を新品のコンディションで出品できます」と表示されれば新品での出品が可能です。このとき少しでも不安を感じたら、チャットでの問合せが確実です。仕入れてしまってから出品できなかった、ということがないようにしっかりと確認しましょう。

● 出品できるかどうかの確認方法

①「Amazon Seller」アプリ	Amazon 出品者用公式アプリ。キーワード検索、またはバーコードをスマートフォンのカメラで写すと出品できるかどうかが確認できる。
②チャット	履歴が残り、また、場所や状況を問わず、出先からでも気軽に確認できる。電話と違い24時間いつでも対応している。
③電話	対話による確認なので納得行くまで聞ける。ただし履歴が残らず、9時〜21時までの対応となる。店舗名やアドレス、登録クレジットカード番号などが必要。
④フォーム（メール）	チャット同様、履歴が残る点がよい。24時間いつでも質問を送れるが、返信に時間がかかる場合がある。

▲ 実際の仕入れでは①「Amazon Seller」アプリと、②スマートフォンでチャットに問合せる方法を使うと早く、確実です。

チャットでの問合せが確実

　Amazonで販売可能かどうかの確認は、Amazonカスタマーセンターへチャットで問合せれば確実です。電話での問合せは9時〜21時と限られているのに対し、チャットであれば**24時間いつでも対応**しています。また、メールでの問合せでは返事が来るまでに時間がかかることが多く、返事が来たとしても的確でない場合はさらに確認を行う必要がありますが、チャットであれば**レスポンスが早く**、すぐに知りたいことが知れるので解決できます。

　また、どのような質問をして、どのような返答をもらったか、**すべて履歴として文字で残る**ので、あとで確認するときにも便利です。まれに「チャットでは出品できるといっていたのに、チャット後にルールが変更になった」などというケースがありますが、その場合の裏付けとなることがよい点といえます。

● Amazon カスタマーセンターへチャットで問合せ

◀ 24 時間対応し、履歴が残り、レスポンスが早いチャットでの問合せがもっともオススメ。

Column　スマートフォンからでもすばやくチャットで問合せできる

チャットでの問合せは「Amazon Seller」アプリでは行えませんが、実はスマートフォンからでも Web ブラウザを使うことで利用が可能です。以下、iPhone を例に、すばやく問合せるための方法を解説します。Android の場合は、「GoogleChrome」アプリなどで同様に利用することができます。
「Safari」アプリで「https://sellercentral-japan.amazon.com/cu/contact-us?ref_=ag_contactus_shel_xx」にアクセスし、画面下の共有ボタン（ ）をタップして、＜ホーム画面に追加＞をタップします。そうすると、iPhone のホーム画面に先ほどの URL の Web ページが登録され、ホーム画面から 1 回のタップで、カスタマーセンターへの問合せを行うことができるようになります。

第2章 仕入れのやり方と出品方法

Section 22 Amazon出品サービスのしくみと費用を知ろう

Keyword
流れ
販売手数料

Amazonへ出品する前に、出品の流れやしくみ、かかる費用など、基本的な知識を把握しておきましょう。ただし、販売手数料などはアプリで算出できるので、細かく覚える必要はありません。

Amazonへの出品前の流れ

Amazon（Amazonマーケットプレイス）に出品するには、始めに**出品者用アカウントを作成**します。普段ショッピングで利用しているAmazonのアカウントがあるのでしたら、そのアカウントをそのまま利用することができます。アカウントの作成に必要なものは、P.24を参考に確認しておきましょう。

作成する際に小口出品と大口出品のどちらかを選択する必要がありますが、大口出品をオススメします。また、アカウント作成時に店舗名の入力項目もありますが、こちらはあとからでも変更は可能です。「表示名（店舗名）」の付け方については、P.58をご参照ください。

電話による個人確認を経てアカウントの作成が完了したら、初めての出品の前に、**入金情報（銀行口座）や「特定商取引法に基づく表記」に基づく会社情報の入力**を行いましょう（P.59参照）。出品はすべて「Amazonセラーセントラル」という管理画面から行います（P.60参照）。こうして文章だと難しく感じるかもしれませんが、Amazonの作成ページの流れに従うだけのかんたんな作業です。

● 出品の流れ

①アカウント作成

②入金情報や
　会社情報の入力

③出品

▲ 出品するまでの基本的な流れを把握しておこう。

小口出品と大口出品は大口がオススメ

　Amazonの出品プランには「小口出品」と「大口出品」があります。小口出品は、小規模で販売したい人向けの出品プランです。商品1つの成約ごとに100円の基本成約料と注文が成約した際にかかる販売手数料がかかります。出品できるのは、Amazonにすでにある商品に限られ、出品するときには1商品ごとの登録が必要となります。

　一方の大口出品は、月間登録料としてAmazonに4,900円支払う必要があります。しかし、「一括出品ツール」や「注文管理レポート」といった便利な機能が利用でき、出品者独自の配送料金の設定やお届け日時の指定ができるなど、自由度が高いです。月に50個以上の商品を販売するのであれば、大口出品のほうがお得です。せどりを本格的に始めようとするなら、思い切って大口出品から始めることをオススメします。

　小口出品はAmazonへの手数料も少なくて済むのですが、本格的に稼ぎたいのなら、大口出品にするべきでしょう。数万円から数十万円の利益も十分に可能なビジネスです。月4,900円は参加費と考えてはいかがでしょうか。

 料金プランの違い

小口商品	大口商品
商品1つごとの基本成約料 100円 ＋ 販売手数料	月額 4,900円 ＋ 販売手数料

Column　さまざまなオプションサービス

　初めてAmazonに出品するのであれば、いろいろと難しいのではないかと不安になってしまいます。しかし、Amazonではオプションによるさまざまなサービスを提供しており、出品者の負担を大きく低減しています。たとえばFBAサービス（P.32参照）を利用すると、商品の梱包や発送、顧客対応だけでなく、商品を納品する際に必要なラベル貼りの代行（Sec.69参照）や、商品梱包の代行のサービスを受けることが可能になります。ただし、これらのオプションサービスは有料になります。

FBAオプションサービス
URL https://services.amazon.co.jp/services/fulfillment-by-amazon/fee.html

販売の手数料について

Amazonでは、商品が売れたごとに販売手数料が発生します。販売手数料はAmazonが販売するKindleアクセサリだけは45%と1つだけ高い手数料となっていますが、それ以外は8%〜15%と、約10%となっています。なお、実際に商品を仕入れるときにはアプリやシミュレーターで計算できるので、細かく覚える必要はありません。

● 販売手数料

商品カテゴリー	販売手数料率
エレクトロニクス(AV機器&携帯電話)、パソコン・周辺機器、カメラ、楽器、大型家電など	8%
(エレクトロニクス、カメラ、パソコン)付属品(※1)、ドラッグストア、ビューティ(※2)、スポーツ&アウトドア、カー&バイク用品、おもちゃ&ホビー、食品&飲料(※3)など	10%
TVゲーム(※4)、PCソフト、本・CD・レコード・ビデオ・DVD(※5)、ペット用品、DIY・工具、文房具&オフィス用品(※6)、ホーム(家具・インテリア・キッチン)(※7)、産業・研究開発用品、ジュエリー、ベビー&マタニティ、服&ファッション小物、シューズ&バッグなど	15%
Kindleアクセサリ	45%
その他のカテゴリー	15%

※1:500円以下の場合は50円　※2:一部ブランドは20%　※3:ビール、発泡酒は6.5%　※4:ゲーム機本体は8%　※5:販売手数料のほか、カテゴリー成約料(書籍80円、ミュージック・DVD・ビデオ(VHS)140円)が発生　※6:電子辞書ならびに関連アクセサリー商品は8%　※7:浄水器・整水器および生活家電は10%

FBAの手数料について

FBAサービスは、Amazonの出品アカウントを作成していれば、誰でもすぐに利用することができます。大口／小口出品にかかる費用以外に、初期費用や月額費用はかかりません。FBAサービスを利用するうえで発生するおもな費用は、商品の出荷、梱包、発送にかかる配送代行手数料と、Amazonの倉庫で商品の保管、管理にかかる在庫保管手数料があります。それぞれ1商品ごとにかかり、商品サイズや重さにより異なります。

配送代行手数料は、日本全国一律料金です。商品の重さ、大きさなどにより小型、標準、大型のいずれかのサイズ帯に区分されます。

サイズ帯に区分された商品は、それぞれ手数料が異なり、小型は252円、標準は4段階で354円〜490円、大型は8段階で565円〜1,569円となります。たとえば

寸法が10×10×3cm、重さが1kgの商品の場合は標準2となります。

● サイズ帯区分の定義

小型	標準	大型
25 × 18 × 2cm 未満、かつ 250g 未満	45 × 35 × 20cm 未満、かつ 9kg 未満	45 × 35 × 20cm 以上、または 9kg 以上

● 小型、標準サイズ帯の1商品あたりの配送代行手数料

	小型	標準			
		1	2	3	4
寸法	25 × 18 × 2.0cm 未満	33 × 24 × 2.8cm 未満	60cm 未満	80cm 未満	100cm 未満
重量	250g 未満	1kg 未満	2kg 未満	5kg 未満	9kg 未満
配送代行手数料	252 円	354 円	397 円	419 円	490 円

● 大型サイズ帯の1商品あたりの配送代行手数料

	大型							
	1	2	3	4	5	6	7	8
寸法	60cm 未満	80cm 未満	100cm 未満	120cm 未満	140cm 未満	160cm 未満	180cm 未満	200cm 未満
重量	2kg 未満	5kg 未満	10kg 未満	15kg 未満	20kg 未満	25kg 未満	30kg 未満	40kg 未満
配送代行手数料	565 円	678 円	764 円	889 円	940 円	983 円	1,393 円	1,569 円

在庫保管手数料は、以下になります（月単位で発生）。

小型・標準サイズ：
5,070 円[※1] × 商品サイズ（cm^3）/（10cm×10cm×10cm）×［保管日数］/［当月の日数］
大型サイズ：
4,290 円[※2] × 商品サイズ（cm^3）/（10cm×10cm×10cm）×［保管日数］/［当月の日数］
※1：10〜12月は 9,000 円。　※2：10〜12月は 7,615 円。

▲「2019 年フルフィルメント by Amazon の手数料改定」
URL https://sellercentral.amazon.co.jp/gp/help/external/201411300
▲「FBA の料金プラン」
URL https://services.amazon.co.jp/services/fulfillment-by-amazon/fee.html

第2章 仕入れのやり方と出品方法

Section 23

Amazonに出品するための準備をしよう

Keyword
必要情報の登録
アカウント

実際に出品するには、Amazon出品サービスに登録し、出品者用アカウントを作成することから始めます。このとき、お店の名前を入力する必要がありますが、名前の付け方にはポイントがあります。

お店の名前を決める

　出品者用アカウントを作成する際に、「表示名（店舗名）」の項目には、お店の名前を設定する必要があります。基本的に店舗名はどのようなものにしても問題ありませんが、ほかの店舗名と重複していたり、Amazonやそのほかのドメイン名を含んでいたり、「_」（アンダーバー）など特殊記号を使用していたり、卑猥かつ不敬な言葉を含む攻撃的な名前だったりすることはAmazonの制限事項によりできません。

　また、多くの購入者は、個人商店のような店舗名ではなく、**法人や企業名のような大きな組織、企業を思わせる店舗名だと安心する傾向**があります。たとえば「△△社●●支店」などのように、「支店」や「支部」といったワードを盛り込むと、「全国展開している企業なんだな」と思わせることができ、購入者の安心感や信頼度もアップし、購入してもらえる確率も高くなります。

　また、店舗名にキャッチコピーを付けるというテクニックもあります。購入者にとってメリットとなるワード、たとえば**「年中無休」や「安心即日発送」「24時間スピード発送」「セール中」などのサービスを具体的にキャッチコピーとして店舗名に入れます**。このようにサービス名を入れることで、さらに購入者の目を引くことになるのです。なお、店舗名はいつでも変更可能なので、とりあえず決めて作業を進めてください。

● 店舗名の付け方

大きな組織、企業を連想させる	→	△△社●●支店
キャッチコピーを付ける	→	年中無休　セール中

▲ 購入者が安心できるような言葉を盛り込むとよい。

出品者用アカウントを作成する

　出品者用アカウントの作成は、Amazonのトップページ（https://www.amazon.co.jp/）から行います。ページ下部の＜Amazonで売る＞をクリックし、「Amazon出品サービス」画面へと移動します。＜さっそく始めてみる＞をクリックするとアカウントのログイン画面が表示されるので、すでにAmazonアカウントを作成済みの場合はそのアカウントにログインして出品者用の登録を行います。出品者用アカウントは別にしたいという場合は、＜Amazonアカウントを作成＞をクリックしてアカウントの新規作成を行います。

　アカウント作成後、出品するためにやらなければいけないことがいくつかあります。まず、**入金情報の登録**です。これは売上をあげた際にそのお金をAmazonから受け取る銀行口座になります。管理がしやすいよう、普段利用している口座ではない銀行口座を登録するとよいでしょう。

　また、**会社情報の登録**も必要です。Amazonの大口出品の場合、ネットショップなどと同様に「特定商取引法に基づく表記」に基づき、販売者の住所や氏名、連絡先などをサイト上に表示する義務があります。

　どちらも「Amazonセラーセントラル」画面の＜設定＞をクリックして登録します。メールを作成するように、文字を入力するだけなのでかんたんです。

● 出品者用アカウントを作成

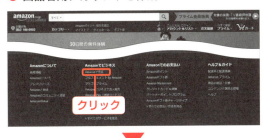

◀ Amazonのトップページ（https://www.amazon.co.jp/）にアクセスし、ページ下部の＜Amazonで売る＞をクリックします。

◀ ＜さっそく始めてみる＞をクリックして、アカウントを作成します。

第2章 仕入れのやり方と出品方法

Section 24

Amazonに商品を出品しよう

Keyword
商品登録
SKU

Amazonへの出品は、「Amazonセラーセントラル」画面から行います。商品登録では、販売価格やコンディション設定のほか、SKUと呼ばれる商品管理番号などを入力します。

Amazonマーケットプレイスに出品する

　Amazon（Amazonマーケットプレイス）への出品は、「**Amazonセラーセントラル」画面**から行います。セラーセントラルへは、「Amazon出品サービス」（https://services.amazon.co.jp/）画面の上部にある＜セラーセントラルにログイン＞をクリックして移動しましょう。画面上の＜在庫＞をクリックし、＜商品登録＞をクリックして商品を登録します。登録では、販売価格やコンディションの設定が必須です。また、入力必須ではありませんが、SKU（P.61参照）やコンディション説明の項目などもしっかりと入力するようにしましょう。コンディション説明はフォーマットを1つ作っておけばそれでOKです。以降はそのフォーマットをコピー＆ペーストして、必要に応じて改変するなどして時短を心がけましょう。

● 商品登録画面

◀ コンディション説明はテンプレートを1つ作っておくことで効率よく作業できる。

商品管理がしやすいようSKUを付ける

　商品登録画面の最上部にある「出品者SKU」のSKU（Stock Keeping Unit）とは、出品者が自由に出品商品へ付けられる識別コード（商品管理番号）のことです。アルファベットや数字、ハイフンを組み合わせて設定できます。

　重複さえしなければどのようなものを付けてもよいものですが、自分で出品した商品が管理しやすいよう、わかりやすいものにするとよいでしょう。たとえば、パソコンで文書ファイルを保存するときに「タイトル+年月日」と付けると、どのような文書ファイルか、またいつ作成したものなのかがわかります。その規則性は出品者のみなさん、それぞれにこだわりがあるようです。下記は一例です。

> 01-180807-yamada-10
> → 01 はナンバリング（重複しないようにする任意の番号）で 180807 は出品日、yamada は仕入れ先、10 は出品数
>
> 09-180807- 1100
> → 09 はナンバリング（重複しないようにする任意の番号）、180807 は出品日、1100 は仕入れ値（筆者の方法）

　このように自分がわかる規則性を考えておけば、出品した商品のメモ代わりにもなります。仕入れ値を入れておくと、利益計算や価格改定、決算時の棚卸しもやりやすくなるのでオススメです。

● SKUで商品管理をしやすく

◀ SKUの付け方を工夫して、どのような商品かセラーセントラル画面でひと目でわかるようにする。

新品出品のコンディション説明例

コンディションには新品か中古かを設定します（P.154参照）。新品で出品する場合は、下記のような商品コメントをコンディション欄に入力しましょう。

> ◆新品◆◇２４時間・３６５日出荷対応 ◇◆安心確実なアマゾン配送センターからの発送となります。代金引換・コンビニ受取・当日お急ぎ便・お急ぎ便・Amazonプライム・商品の通常配送料無料などAmazon.co.jpの全てのサービスを受けることができます。ご注文後アマゾン配送センターにて丁寧に梱包後、迅速に発送いたします。安心の返品・返金保証サポート付きです。商品に関しましては、Amazon.co.jpの規約に則り、迅速に対応いたします。Amazonカスタマーサービスまでご連絡ください。

 ## 発送前の準備をする

量販店などで仕入れた商品には、値札シールなどが貼られていることがあります。商品にシールが貼られたまま購入者のもとに渡っては最悪です。しっかり剥がしてから発送しましょう。シールを剥がすときは、**ドライヤーとピンセット**を用意します。ドライヤーの熱でシールを温めると剥がれやすくなるので、ピンセットでゆっくりつまんでシールを剥がしましょう。

しかし、それでもうまく剥がせなかったり、不自然にベタベタが残ってしまったら、実店舗でよく使われているような**防犯タグをその上に貼るというテクニック**があります。防犯タグはAmazonでも安く購入できるので、用意しておくとよいでしょう。防犯タグを付けたままFBAに納品しても問題ありません。

● 値札シールを剥がす

▲ 値札シールなどはしっかり剥がして、発送できる状態にしよう。シールの粘着面に熱風をあてるのがコツ。

▲ うまく剥がせなかった場合は、防犯タグで隠してしまう。

FBA倉庫に発送する

　商品登録や事前準備が完了したら、その商品をFBA倉庫へ納品しましょう。1箱になるべくたくさんの商品を入れることができると、送料を安く抑えることができます。発送までの流れは、以下になります。

● FBA 納品の流れ

①商品登録をする

商品登録を行います（P.60 ～ 62 参照）。販売価格や出品者 SKU、コンディション説明などの必要情報を登録します。

②納品する商品を選択する

納品する商品（FBA 倉庫に発送する商品）を、商品登録した商品の中から選択して「在庫商品を納品／補充する」を選択します。

③納品プランを作成する

「新規の納品プランを作成」を選択、梱包タイプは「個別の商品」を選択します。発送元の住所が自分のものか確認して＜続ける＞をクリックします。

④商品ラベルを印刷する

納品する商品の数量を入力します。梱包準備を「出品者が行う」として続けると、商品ラベルの印刷画面が表示されます。ラベル貼付を「出品者が行う」として、プリンターでラベルシールに印刷します。印刷したラベルは、商品に1つずつ貼り付けます。ラベルは商品のバーコードが隠れるように貼りましょう。

⑤配送ラベルを印刷する

商品ラベルを印刷後、画面を進めると商品の発送先となる FBA 倉庫の住所が表示されます。＜納品作業を続ける＞をクリックして、配送業者と輸送箱数を設定すると、FBA 倉庫宛の配送ラベルが印刷できるようになります。プリンターで印刷して、発送するダンボールに貼り付けましょう。

第2章 仕入れのやり方と出品方法

Section 25

Amazonで中古品を販売しよう

Keyword
コンディション説明
写真

基本は新品の出品がオススメですが、慣れたら中古の出品にも挑戦してみましょう。中古の出品の場合、写真の掲載やコンディション説明の入力などを怠らないようにしっかりと対応しましょう。

中古品を販売するメリット

　初心者には新品の出品がオススメですが、慣れてきたら中古を出品してみましょう。中古の出品は新品の出品とは異なり、自分で商品の写真を撮影したり、コンディション説明の欄で不具合や付属品の有無などを正確に申告したほうが売れやすくなる傾向があります。各商品によりコンディションもそれぞれ異なるので、それを一つひとつ丁寧に報告しなくてはいけません。中古のコンディション説明も、あらかじめフォーマットを1つ作っておくと便利です。

　このように**中古による出品は新品と比べて手間がかかる**ため、ほかの出品者はあまりやりたがりません。しかし、その分、**ライバルが少ないというメリット**があります。

● 展示品は中古扱い

◀「展示品」を出品する場合、どんなにきれいでもAmazonでは中古コンディションでの出品をしなければならない。

中古出品のコンディション説明例

中古による出品時のコンディション説明は、下記のように書くとよいでしょう。

◆ほぼ新品（※具体的なコンディションを明記）◆◇ 24 時間・365 日出荷対応◇◆◆（※この部分に購入者が喜びそうなサービスを入れます）安心確実なアマゾン配送センターからの発送となります。代金引換・コンビニ受取・当日お急ぎ便・お急ぎ便・Amazon プライム・商品の通常配送料無料など Amazon.co.jp の全てのサービスを受けることができます。ご注文後アマゾン配送センターにて丁寧に梱包後、迅速に発送いたします。安心の返品・返金保証サポート付きです。商品に関しましては、Amazon.co.jp の規約に則り、迅速に対応いたします。Amazon カスタマーサービスまでご連絡ください。

さらに、コンディション説明のあとに下記のように実際の商品が想像できるように書きます。

・箱には非常にスレ傷がありますが商品は新品でございます。
・外箱やパッケージに擦れがあるため中古商品としてご案内しています。商品は新品未使用でございます。安心してご購入下さい。
・箱には入荷時からのスレ、傷がありますが商品は新品未使用でございます。
・ケースには非常に細かいスレがありますが良好です。ディスクは盤面に再生に支障のない小さなキズがありますが使用上は問題ありません。（DVD、CD、ゲームなど）

 ## 写真はなるべく掲載する

中古の商品を出品する際に掲載可能な写真の枚数は6枚です。写真の掲載は必須ではありませんが、「どんなコンディションなのか」「商品説明に書かれていることは本当なのか」など、**購入者の不安や疑問に応えるためにも、なるべく多くの写真を掲載する**ことをオススメします。撮影はスマートフォンでも問題ありません。最近はLED照明が内蔵されたブツ撮り用の組み立て式ボックスが、Amazonなどで3,000～5,000円程度で購入できます。こちらを利用するときれいに撮影できます。

第2章 仕入れのやり方と出品方法

Section 26

メルカリにはどのような商品を出品する？

Keyword
メルカリ
しくみ

Amazonで出品できなかったものや返品された商品などは、メルカリに出品しましょう。メルカリの利用者は、Amazonと棲み分けができているのも安心です。

 ## メルカリはかんたん、安心、安全

　Amazon以外のオススメ販路に、フリマアプリの「**メルカリ**」があります。メルカリへの出品は非常にかんたんで、「メルカリ」アプリをスマートフォンにダウンロードし、商品写真をアップロードして、商品情報を入力するだけです。また、お金のやりとりはメルカリが間に入り、入金は商品が届いてから出品者に振り込まれるしくみなので、購入者にとっては安心です。

　とにかくまずは出品してみることをオススメします。**出品する際のポイントとしては「商品を10個以上出品すること」**です。内訳は中古8、新品2の割合にするとよいでしょう。その理由としては、「日常的にメルカリを利用している感」を出すことにあります。業者感を出さないようにするのがポイントです（Sec.70参照）。

　また、一度は自身でメルカリから購入し、コメントを付けてみるのもよいでしょう。メルカリでの評価は、信頼でもあります。自分が購入者となることで、感覚が掴めるようになります。

● フリマアプリ「メルカリ」

◀ 写真のアップロードと商品情報を入力するだけで、手軽に出品することができる。
URL https://www.mercari.com/jp/

Amazonでは出品できなかったものを売る

メルカリに出品する商品は、基本的には**Amazonで出品できない商品、Amazonで返品されてしまった商品、間違えて仕入れてしまった商品**などがよいでしょう。たとえばAmazonから返品された際、開封されていたら、Amazonには同条件での再出品はできません。そのため、その商品はメルカリに出品するという流れです。

Amazonでは、これまで出品可能だった商品がいきなり出品不可になるということがあります。一度仕入れた商品をムダにはしたくありません。また、Amazonで売れ残ってしまったが、どうしても資金を回収したいというときにも、メルカリが役立ちます。

メルカリでの取り引きのしくみ

購入者が商品を購入したら、**代金は出品者にではなく、メルカリ事務局に支払います**。これは、「支払ったのに商品が届かない」「発送したのに支払いがない」といったトラブルを未然に防ぐため、一時的にメルカリ事務局が預かる形をとっているのです。購入者の支払い後、メルカリ事務局は入金されたことを出品者へ通知し、出品者は購入者へ商品を発送します。購入者のもとに商品が届くと受取評価をします。その後、出品者も評価を行うことでお互いが取引に納得したことを確認することができます。以上のすべての工程が完了したら、出品者はメルカリ事務局から預かり金を受け取る手続きが行えるようになります。

● 代金はメルカリが預かるしくみ

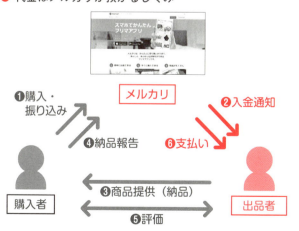

◀ 購入者と出品者とで直接お金のやりとりをしないので、金銭トラブルを未然に防ぐシステムになっている。

URL https://www.mercari.com/jp/safe/

第2章 仕入れのやり方と出品方法

Section 27

メルカリに出品するにはどうすればよい？

Keyword
メルカリ
フリマアプリ

メルカリは、スマートフォンや銀行口座などがあればすぐに出品できます。また、メルカリ独自の「ローカルルール」や登録料・手数料などについて、あらかじめ知っておきましょう。

スマートフォン、銀行口座を用意しよう

　メルカリを開始するには、**SMS認証が可能なスマートフォン、電話番号、メールアドレス、銀行口座**が必要になります。

　出品した商品が売れたら、発送に必要な**封筒や段ボールなどの梱包用品**が必要になります。商品によってはプチプチなどのクッション材も利用したほうがよい場合もあります。また、個人感（Sec.70参照）を演出するために、メッセージカードを送ってもよいでしょう。手書きの文字で「この度はご購入ありがとうございました！」や、「新しい持ち主様のところへ行くことができ、この〇〇（商品名）もとても喜んでいると思います！」などひとこと添えます。購入者も出品者に対して親しみを持ち、もしかすると、リピーターになってくれるかもしれません。なお、手書きメッセージはメルカリではよく行われていますが、必ずやらなくてはいけないわけではありません。面倒だったり不得意だったりするなら省略して構いません。

● 出品前に準備をするもの

スマートフォン　　　銀行口座　　　梱包用品

▲ スマートフォンはiPhone、AndroidのどちらでもOK。梱包用品は100円ショップで売られているようなもので問題ない。

ローカルルールに気を付けよう

　メルカリには、特有の**ローカルルール**が存在します。たとえばすでに購入者が決まっている商品を「専用出品（○○様専用）」などの商品名で出品したり、また、「即購入NG！必ずコメントを付けてください」として、コメントを付けないで買おうとする購入者には商品を売ろうとせず、勝手にキャンセル扱いにしてしまうということがあります。Amazonではお客様を選ぶことはありませんので、ルールの違いに戸惑う部分もあります。

 ## 登録料・手数料について知っておく

　メルカリはアプリのダウンロードから会員登録料、月額料、出品費用まで無料です。アプリをダウンロードするだけで、出品や購入ができるのです。ただし、出品した商品が売れたときには、**販売価格の10％が手数料**として取られます。また、1万円未満の売上金をメルカリ事務局から受け取る際にも手数料210円がかかります。

　購入の際は、商品の代金を支払います。支払い方法はクレジットカード払いのほか、コンビニ払い、キャリア決済、ATM払い、ポイント払い、クーポン利用、メルカリ月イチ払いと多彩ですが、コンビニ払いやキャリア決済、ATM払いには手数料100円がかかります。

● メルカリの利用で発生する費用

	状況	手数料
出品者	商品が売れたとき	販売価格の10％
	1万円未満の売上金を引き出すとき	210円
購入者	購入した商品の代金をコンビニ、キャリア決済、ATMで支払うとき	100円

▲「メルカリガイド － 利用料」
URL https://www.mercari.com/jp/help_center/getting_started/usage_fee/

第 2 章 仕入れのやり方と出品方法

Section 28

メルカリに出品するための準備をしよう

Keyword
出品
「メルカリ」アプリ

出品する前の準備段階「アプリを入手」「アカウント登録」「プロフィール作成」について説明します。プロフィールは購入者とのやりとりをスムーズにしてくれるので面倒臭がらずに作成しましょう。

 ## スマートフォンにアプリをインストールする

　メルカリを利用するには、まず**iPhoneもしくはAndroidスマートフォンにアプリをインストール**します。iPhoneは「App Store」から、Androidスマートフォンでは「Play ストア」から「メルカリ」アプリをダウンロードします。入手方法はそれぞれのアプリストアで「メルカリ」と検索すれば、アプリが出てくるので、そこをタップしてインストールするだけとかんたんです。

● iPhone は AppStore で

▲ iPhone の場合、「App Store」では右下にある「検索」をタップし、入力欄に「メルカリ」と入力して検索する。

● Android は Play ストアで

▲ Android スマートフォンの場合は「Play ストア」上部入力欄に「メルカリ」と入力して検索する。

アカウントを登録する

「メルカリ」アプリを起動すると、アカウント登録画面が表示されます。アカウントは**Facebookアカウント**や**Googleアカウントのほか、メールアドレスを使った登録**ができます。メールアドレスからの登録は、メールアドレスと任意のパスワード、ニックネームを入力し、任意で性別を設定して、＜会員登録＞をタップして登録を行い、電話番号を入力します。SMSメッセージに送られた認証暗号を登録画面で入力し、＜認証して完了＞をタップしてアカウント登録を完了させましょう。

● 会員登録を行う

● 電話番号認証を行う

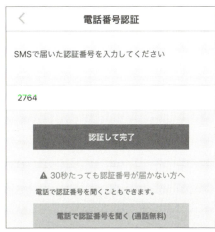

▲ メールアドレスとパスワードなどを入力し、＜会員登録＞をタップして進む。

▲ 携帯電話番号を入力し、SMSに送られた認証番号を入力すると登録が完了する。

プロフィールを作成する

メルカリに出品する際に信用度を高める「プロフィール」欄は、個人感を大事にするメルカリならではの項目です。**プロフィールは1,000字まで入力することができる**ので、きちんと入力するようにします。出品している商品の傾向や対応できる時間帯、問合せや値下げに対する対応、ペットを飼っているかどうかや喫煙の有無などを書くとよいでしょう。これらは購入者の不安や心配を取り除き、さらにリピーターを増やす効果もあります。やりとりを円滑にするためにもプロフィールは必要です。なお、プロフィール作成のテクニックは、Sec.70でも解説しています。

第2章 仕入れのやり方と出品方法

Section 29

メルカリに商品を出品しよう

Keyword
出品の流れ
商品を出品

メルカリへの出品は、「出品」ボタンをタップし、その指示に従って進めるだけとかんたんです。写真は最大枚数の4枚すべて掲載するようにしましょう。

 ## 出品から評価までの流れ

　メルカリへの出品はアプリを起動後、右下の「出品」ボタンをタップし、指示どおりに写真と商品情報をアップしていくだけです。売れたら購入者は代金を支払い、メルカリがそれを預かります。メルカリに代金が支払われた旨の通知が出品者のもとに来たら、購入へのお礼とおよその発送時期を知らせましょう。なお、**購入者との連絡は、「メルカリ」アプリ内で行うので、個人情報を特定される心配がありません**。

　商品を梱包したら、発送しましょう。メリカリには「メルカリ便」といった独自の発送サービスがあり、**宛名書きが不要だったり、匿名で発送ができたり、全国一律の料金だったりとメリットが多く、利用価値大**です。発送後は購入者からの「評価」を待ちましょう。出品者も評価が届いたら、購入者に対して「評価」をします。お互いに「評価」が完了したら、メルカリに預けられていた代金を出品者はメルカリから受け取ることができます。

● 出品から入金までの流れ

▲ スマートフォンから出品し、売れたら代金が支払われるのを待つ。支払い通知が来たら商品を発送し、購入者のもとへ商品が届いたらお互いに評価をすると、代金を受け取ることができるようになる。

商品を出品する

　写真は4枚まで掲載できるので、全体や背面などの写真を載せたり、傷や汚れなども正直に申告して、**できるだけ4枚載せて商品をアピールしましょう**。なお、1枚目の写真はトップ写真として掲載されるので、写真の中に「希少品」「値下げ交渉OK」などの文字を入れると注目度も上がります。この文字を入れる加工は、写真をアップロードする画面で行うことができます（P.165参照）。

　写真をアップロードしたら、次は「商品の説明」を入力します。40字以内で商品名を入力し、商品の説明を1,000字以内で入力します。**商品の説明には、色、素材、重さなどをわかりやすく記入しましょう**。また、ハッシュタグも有効です。「#ほぼ日手帳」「#早いもの勝ち」のように使うと検索でヒットしやすく、売れやすくなります。

● 写真は4枚設定する

▲ 4枚載せるようにする。1枚目はトップ写真となることを踏まえておこう。

● 商品情報はすべて入力

▲ 1,000字まで入力することができるが、長過ぎても読みづらいので注意。

Column　商品の情報を編集する

出品後に商品情報や写真を変更することも可能です。単に情報をもう少し膨らませたいときや、写真を追加したいという場合はもちろん、登録時に発送方法が決まっていない場合や売れ行きが悪いときに行います。売れ行きが悪い場合、価格は最初は高めに設定し、少しずつ下げていくといった方法をとります。メルカリでは「出品後にも編集が可能」という特性を生かして、売れ残りを出さないようにしましょう。

COLUMN

モノレートの代用に「Keepa」と「DELTA tracer」を使う

「モノレートはせどりのへそ」と、よく筆者はいいます。せどりをするうえで、それくらいモノレートは重要であるという意味です。しかし肝心なモノレートも何らかの理由でサーバーが重くなるなど、アクセスできないこともあります。実際に何度かありましたが、そうなると重要な仕入れ判断ができません。そこで代用となるものに「Keepa」（https://keepa.com/）と「DELTA tracer」（https://delta-tracer.com/）があります。どちらもランキングのグラフが表示されるので、売れているかどうかの仕入れ判断をすることができます。パソコンではGoogle Chromeの拡張機能に追加して使います（Keepa：https://chrome.google.com/webstore/detail/keepa-amazon-price-tracke/neebplgakaahbhdphmkckjjcegoiijjo：下記QRコード1、DELTA tracer：https://chrome.google.com/webstore/detail/delta-tracer/cmpednmpldfkcfkagpbcjdofgknigkoc：下記QRコード2）。スマートフォンでは、ホーム画面にURLを貼り付けて仕入れ現場で直接見ることができるようにしておくと便利です。また、モノレートで表示されないデータでも、KeepaやDELTA tracerでは表示されたり、またその逆もあります。ライバルが見落としそうな商品でも仕入れができることもあるということです。モノレートだけではなくKeepa、DELTA tracerも仕入れ判断に使えるようにしておきましょう。

● せどりに便利な拡張ツール「Keepa」

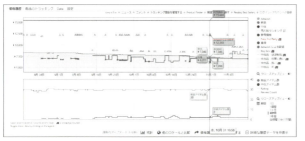

▲ 過去にAmazon本体がいくらで販売していたかなどを確認できる。

▲ QRコード1

▲ QRコード2

第3章 儲かる商品の探し方

Section 30	商品知識がなくても儲かる商品を探す2つの方法
Section 31	「違和感」で儲かる商品を探そう
Section 32	「全頭検索」で儲かる商品を探そう
Section 33	トレンド商品を狙おう
Section 34	季節ごとの商品を狙おう
Section 35	生産終了品を狙おう
Section 36	お店独自のセールを狙おう
Section 37	開店・閉店セールを狙おう
Section 38	店舗棚の上下四隅の商品を狙おう
Section 39	キリがよい値段の商品を狙おう
Section 40	ポップの書き方でフロア責任者の性格を読もう
Section 41	値札に隠された意図を読もう
Section 42	決算期を狙おう
Section 43	お得な定期イベントを狙おう
Section 44	利益が出る商品を見つけたらネットショップでも検索してみよう
COLUMN	人気コラボ商品を狙おう

第3章 儲かる商品の探し方

Section 30

商品知識がなくても儲かる商品を探す2つの方法

Keyword
- 違和感
- 全頭検索

せどりは仕入れ値と売り値の価格差で儲けを出します。価格差のある商品は、「違和感」「全頭検索」という2つの方法で探すことができます。

価格差が生まれる商品を探す2つの方法

　たとえば、定価5,000円の商品があるとします。Amazonの販売価格も同じく5,000円。お店で1,000円で売られていた場合、それを仕入れて売れば利益は4,000円になります。実際は手数料なども引かれますが、便宜上なしと考えましょう。このとき、お店ではどのような売られ方をするか想像してみてください。5,000円の商品を4,000円も安売りして1,000円で販売するのですから、セール品や処分品、数量限りの値札など、通常の商品とは異なる扱いをしているはずです。これを筆者は「**違和感**」として儲かる商品を探すときの目印としています。安く買って高値で売る…これが仕入れの基本であり、このように価格差が生まれる商品をいかに見つけることができるかが、せどりの肝となります。「違和感」を探すことは仕入れの基本といえるでしょう。

　一方、違和感がなくても儲かる商品もあります。先程の定価5,000円の商品で考えると、Amazonの販売価格が9,000円と高値になっている場合です。この場合お店の中では通常通り陳列されています。商品を定価でそのまま売っているだけですので「違和感」を探すことができません。この商品を見つけるには「**全頭検索**」が必要になります。

　全頭検索とは、高値で売ると利益が出せる商品を一つひとつ調べて見つける方法のことをいいます。違和感による検索はポップなどの目印の見つけてするのに対して、全頭検索は眼の前にある商品をすべて検索するイメージです。**仕入れをする際は違和感で探すか、全頭検索するか、お店の中で状況に応じて判断しなければなりません。**

● 価格差が生まれる商品を探す2つの方法

①違和感	②全頭検索
安売りなど売り場の雰囲気がほかと異なる場所で仕入れる方法	利益が出る商品を一つひとつ調べる方法

◀ 違和感、または全頭検索で、価格差が生まれる商品を探す。

違和感で儲かる商品を探す

　「売り尽くし」や値札が赤札になっていたり、ほかの商品と明らかに違う商品展開をしているという状態が違和感です。違和感を見つけることができれば、仮に商品知識がまったくなくても利益が出る商品を探すことができます。**違和感を見つけることが、せどりの基本であり、手っ取り早く儲ける道**です。

　違和感を抱くには、考え方を柔軟にして実践経験を積むのがよいでしょう。始めは安売りワゴンや赤札のポップのような、わかりやすいものでしか違和感を覚えないものです。しかし、次第に商品の置き方や箱の汚れ方などのコンディションでも違和感を抱くことができるようになっていきます。実際に商品知識もなく違和感を頼りに儲かる商品を見つけると感動しますよ。正しい考え方で実践経験を積むと自然に身に付いていくので安心してください。

● 違和感があったら儲けのチャンス

◀安売りだけでなく、明らかにほかの売り場と異なる商品展開をしていたら、それは「違和感」であり、儲けのシグナルだ。

 ## 全頭検索で儲かる商品を探す

　全頭検索は目の前にある商品すべてを検索する方法になります。お店の中の商品をすべて検索すれば、利益が出るかどうかはっきりするのは当たり前です。しかし、膨大な商品すべてを検索すること非効率であり作業的にも不可能でしょう。

　全頭検索は違和感で探せないときにのみ使います。具体的には「違和感は抱かないが、この中に儲かる商品がありそうだ」というとき全頭検索モードに切り替える感じです。やみくもにするのではなく、**棚やジャンルを決めてポイントを絞って行う**検索方法です。全頭検索は一見、手間がかかりそうですが、**「商品情報が得られる」「相場を知るとほかの店にも応用できる」などのメリットもある**ので、積極的に行いましょう。

第3章 儲かる商品の探し方

Section 31

「違和感」で儲かる商品を探そう

Keyword
違和感
プレ値

「違和感」とは、通常の商品陳列とは何かが違うと感じることです。違和感のある商品は、儲けが見込まれる可能性が高い商品と考えてよいでしょう。せどりの基本は、違和感に注目することです。

違和感で仕入れると利益が出る理由

「**違和感**」のある商品とは、お店側が「古い商品が並ぶ棚を空けて新商品を並べたい」「季節が変わるので次の季節の商品を並べたい」などの理由から、とにかく早く売り切りたい商品、在庫を置いておくより利益度外視でも早く処分したいという商品です。

そのようなときにお店では、値引きをして安売り値で商品を処分します。ここで注目したいのは、せどりの場合、値引き品こそ利益が出る商品だということです。さらに、このような売り場には「プレ値」(プレミアムな値段)と呼ばれる高値で売れる商品が混ざっている可能性があります。古い商品は供給量が少ないので、Amazonでの販売価格が高くなりやすいからです。

違和感を利用した仕入れのメリットは、ものすごく**安く商品を仕入れることができる**可能性があり、なおかつ**高値で売れる商品を見つけることができる**ことです。これは都会や地方に関係なく、全国どこでも通用する方法です。

● 違和感で仕入れる

◀このようなセールの中に、プレ値の商品が混ざっていることもある。

違和感のある商品の具体例

では、具体的にはどのような状態が違和感なのか、いくつか紹介します。たとえば隅に追いやられているような商品は、現在売り出したい主力商品ではない可能性が高く、違和感のある商品といえます。一般的にはお店の主力商品では利益を出すことは難しく、お店が見放してしまったような商品でこそ利益を出すことが可能になります。

また、**値札に「在庫限り」「売り尽くし」「値下げ中」「赤札」などと書かれていたり、値札が何度も張り替えられていたり、「80％引」のように異様な高割引率の商品**も、お店が早く売りたい商品の証拠です。さらに、**「残り何台」「早い者勝ち」と消費者心理を煽るような宣伝文句**が書かれていたら要チェックです。

それから、地方のお店でよく見かけますが、**パッケージが古い商品、汚れている商品**というのも、実は利益が出る違和感のある商品です。店側も存在を忘れているような商品なので、安く仕入れができることも。個人的には筆者が大好きなパターンです。

また、**キャラクター商品、季節外れの商品、似たような商品なのになぜか1種類だけ異常に値段が安い、その店に1個しか置いていない**なども違和感です。

以上はほんの一例です。違和感のパターンはまだまだあります。お店に行ってあなた独自の違和感を発見し、利益が出るパターン（法則）を探すのも面白いです。

● 違和感のある商品例：1点だけ安い商品

◀ 2,500円以上の商品が並ぶなか、1点だけ税込1,500円ピッタリで販売されている。1点だけ安いことも、税込1,500円ピッタリということも両方違和感といえる。

● 違和感のある商品例：パッケージが古く汚れている商品

◀ 外箱が古くて汚れている商品は、Amazonで出品者がいない可能性がある。

第3章 儲かる商品の探し方

Section 32

「全頭検索」で儲かる商品を探そう

Keyword
全頭検索
手を抜かない

全頭検索をすると、定価で買っても利益が出るお宝商品を見つけることが可能です。面倒な作業ではありますが、儲かる可能性を感じた場合は、ポイントを絞ってスピード重視で検索しましょう。

違和感がなかったら全頭検索をする

仕入れの際には違和感を探すことが第一ですが、違和感を抱くことができなかったら、その売り場またはお店から移動するか考えます。儲かる商品がありそうと判断したならすぐに頭のスイッチを切り替え、「**全頭検索**」を行いましょう。ただし、**手当り次第やっているときりがないので、ポイントを絞ることが大事**です。全頭検索は、非効率な方法でもあります。お店のどの売り場を検索するかは自分で判断、選択しなければなりません。

たとえば、ワゴンの商品を全頭検索するということも有効です。ワゴンセールを見つけても、「どの商品が利益が出るかわからない」と思うときには、全頭検索してみるとよいでしょう。思わぬ掘り出しものが見つかることもあり、宝探しをしているような気分になります。

● 全頭検索で利益が出る商品を調べる

◀ 棚同様、ワゴンセール内の商品も全頭検索をすると、お宝商品が見つかる可能性がある。

面倒でもすべての商品を検索する

　全頭検索の基本は、棚の端から端まで1つ残らずすべての商品を検索することです。正直面倒な作業であり、商品の一つひとつを黙々と検索していくと、ルーティーンワークのようになり、1つや2つぐらい飛ばしてもよいだろう、という気分になってしまいます。また、いくつか検索したら、あとはもう右にならえでどうせ同じなんだろうと考えてしまいがちです。実際、お店で全頭検索をしていると疲れますし、よい商品がなかなか出てこないときならなおさらです。

　しかし、ちょっと待ってください。**諦めてしまうと、利益が出るものも見落としてしまう可能性が大いにあります**。全頭検索をすると決めたらそのポイントの商品はすべて検索したほうがよいです。筆者がコンサルタントをしている生徒の中でも、「利益を出せる商品が見つからない」と悩んでいる人の多くが、全頭検索を適当にやっていました。**全頭検索で儲かる商品が見つかれば、利益になりますし、そうでなくても次にその場所や商品は検索せずに済みます**。「すべての商品を検索する」という方針を守ることで、実力も経験値も上がると考えてください。

● 全頭検索は面倒な作業？

◀棚の端から端までを調べる作業は大変だが、一つひとつの作業はかんたんだ。

Column　全頭検索しても店員さんに怪しまれない方法

全頭検索をしていると、「店員さんに注意されるのではないか」と躊躇してしまうことがあるかもしれません。その場合は、バーコードリーダーとBluetoothイヤホンを使う方法をオススメします（P.144参照）。さりげなくバーコードリーダーでJANコードを読み取れば、その情報を音声で聞きながら作業できるので、店員さんどころか、ライバルのせどらーさんも気づきません。この方法は検索スピードも格段に早いので、感じるストレスを軽減して、仕入れに集中することができます。

第3章 儲かる商品の探し方

Section 33

トレンド商品を狙おう

Keyword
トレンド商品
モノレート

売れ過ぎて生産が追いつかない商品や「入荷未定」などと書かれた商品を「トレンド商品」といいます。トレンド商品は利益が出やすい商品です。仕入れが難しいトレンド商品の狙い方を紹介します。

トレンド商品とは？

「お1人様限定1個」「入荷未定」「●月■日に入荷します」というポップの商品は、とくにその時期に集中して売れている人気の**トレンド商品**の可能性が高いです。そのようなポップを見たら、検索するべきです。トレンド商品は流行りものですが、見つけることができれば、お店を回って集めることで、**大きな利益を出すことが可能であり、売れ行きもよいので必ず仕入れ資金を回収することができます**。あらゆるジャンルにトレンド商品はあるので、商品知識が豊富な人にとっては何が今トレンドかを見極めることができ、優位に立てます。

トレンド商品かどうかを判断するには、モノレートの最安値と出品者数のグラフに注目します。出品者が少なくなると一気に販売価格が急上昇するのが、トレンド商品の特徴です。急上昇の前兆として、出品者が増加すると通常は販売価格は下落しますが、トレンド商品の場合は横ばいか緩やかに上っていきます。下のコードレスファンは夏の需要に在庫が追いつかず、2倍以上の販売価格にまで上がりました。

● 14.4V 18V 共用コードレスファン UF18DSAL（HiKOKI）

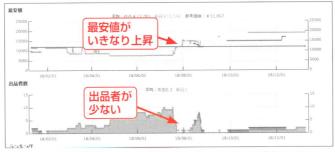

▲ Amazonの在庫が少ないため、高値になっている。これもトレンド商品といえる。
URL https://mnrate.com/item/aid/B00KQ6OU6I

利益の出るトレンド商品の具体例

それでは、過去に大きな利益をあげることができたトレンド商品を紹介します。

● かき氷機 YukiYuki（WiZ）

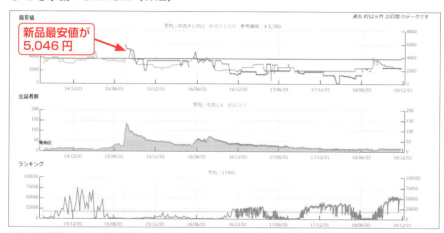

新品最安値が5,046円

▲テレビで紹介されて一気に人気に火が点き、Amazonランキングの1位を獲得したトレンド商品。当時は5,000円近くで出してもAmazonのFBA倉庫に送ると、一瞬で売れるという人気商品だった。

URL https://mnrate.com/item/aid/B00LIQKH8K

● うまれて！ウーモ ピンク（タカラトミー）

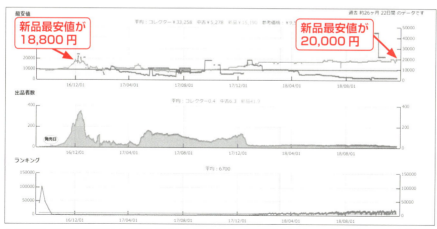

新品最安値が18,800円
新品最安値が20,000円

▲卵を孵化させ、生まれてきたものを遊ばせながら成長させるという新感覚のおもちゃ。ブームがクリスマスと重なって一気に2万円近くまで上昇し、手に入りづらくなった商品だ。

URL https://mnrate.com/item/aid/B01L6YFWRY

第3章 儲かる商品の探し方

Section 34

季節ごとの商品を狙おう

Keyword
季節感
処分品

一年中ものが売れるといっても、せどりにも季節感は大切です。ただ、「夏だから冬物は売れない」などと判断してはいけません。では、せどりで季節を感じるとはどのようなことなのでしょうか。

季節を感じることが利益につながる

　実店舗では、季節を先取りする商品が陳列されています。そして、その季節が終わると、積極的に販売することはなく、棚から姿を消します。また、多くのお店では季節が終わる前に処分品として安く売り、処分してしまいます。せどりの場合も一般的には、季節の商品はその季節によく売れるものが多いです。たとえば、電気毛布や電気ひざかけは冬によく売れて、夏になると売れ行きが悪くなります。

　ただし、冬物の商品が冬によく売れるのは実店舗と同じですが、夏になると売れ行きが悪くなるだけで、まったく売れないということではありません。つまり、せどりでは**冬物（夏物）の商品は夏（冬）でも確実に売れている**のです。夏の冷房がかかり過ぎて寒いオフィスで電気ひざかけを使ったり、冬に室内の暖房熱を循環させるために扇風機を利用するといった使い道もあります。また、Amazonは日本全国から購入ができるので、夏でも夜は足元が冷え込む地域では、ホットカーペットで快適に過ごしたいという需要もあるでしょう。

● 電気ひざかけ「くるけっと」ダークグレー DC-H4-H（パナソニック）

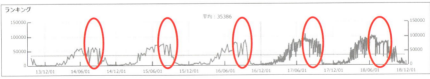

▲夏でも売れており、ランキングが変動している。
URL https://mnrate.com/item/aid/B00ES839FS

このように、せどりをしていくうえで、季節に敏感になる、季節を感じることで、より利益を出す商品を仕入れることができるようになります。実店舗でシーズン終了に伴い処分品扱いで安くなっている商品を仕入れる、このことを心がけておきましょう。

店内で季節の処分品の見つけ方

シーズン終了に伴う処分品を目指してお店に行く場合、最初からお店のどのあたりにあるのかおおよその目安が付けば、店の中を隅々まで探さなくてよくなり、仕入れ時間も短縮されます。

処分品が置いてあるのはだいたい店舗でも目立つところ、人目に付きやすい場所です。たとえば入り口や大きい通路、エスカレーターを登りきった場所などです。

また、処分品には1シーズン前など型番落ちしている商品を並べている場合もあるので、こちらも要チェックです。こういった型番落ちの商品はせどりで販売する際、高値で売ることができるプレ値商品の場合も多いので狙い目です。

● 季節商品の処分を仕入れる

▲夏物は夏しか売れないというわけではなく、冬に売れる商品もある。

💴 Column 「温かい」か「冷たい」で判断する

季節ものの商品、とくに夏ものか冬ものかを判断するには、それが「温かい」のか「冷たい」のかを考えるとよいでしょう。たとえば、夏の終わりに扇風機が売られていたとします。扇風機は「冷たい」風を出すものですが、これが冬になると、「温かい」風を出す温風機に置き換わります。また、夏には身体を「冷やす」冷却ジェルが出回りますが、冬には反対に身体を「温める」カイロがよく売れます。このように、「温かい」と「冷たい」に着目すると、季節ものの商品を判断しやすくなります。

第3章 儲かる商品の探し方

Section
35

Keyword
生産終了品
プレ値

生産終了品を狙おう

世の中、新製品ばかりがもてはやされているわけではありません。生産終了品だからこそ、希少価値があり、需要があるのです。生産終了品は、実店舗で安く仕入れることができます。

生産終了品が狙い目の理由

メーカーが生産を終了した**生産終了品はAmazonでは需要と供給のバランスが崩れて、高値となる**傾向にあります。長年愛用して使い慣れているからどうしてもほしいという人や、新製品は使わない機能が多くて使いづらそうという人からの需要があるにもかかわらず、メーカーには出荷が完了してしまい在庫がなく、入手困難な状態となっているからです。

しかし、そのような**生産終了品は家電量販店やディスカウントストアなどでは型落ち品として安売り値で販売されます**。なぜなら古い商品は早く売り切って手放し、その商品を置いていた棚へ新しい商品を並べたいからです。これはせどりをやっている人にとっては願ってもない話で、つまり売れる商品を格安で仕入れることができるチャンスということです。流通している数も少ないので希少価値も高く、Amazonでの販売価格はプレ値になりやすい傾向にあります。生産終了品は必ず検索しましょう。

💴 Column 生産終了品の狙い方のポイント

ポップに「在庫品限り」「入荷しません」と書かれていれば、生産終了品とみてよいでしょう。また、「メーカー名　生産終了」でGoogle検索したり、メーカーのサイトで確認するという方法もあります。生産終了は新商品の発売の時期と重なることが多いので、各ジャンルごとに新商品の発売時期をチェックし、おおよその目安を頭に叩き込んでおくのも1つの方法です。

また、商品の置かれ方にも注目です。箱がほこりをかぶっていたり、パッケージが古そうだったり、棚の上や隅に追いやられている商品があったら、生産終了品の可能性が高まります。

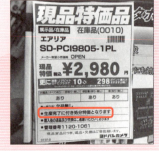

利益の出る生産終了品の具体例

　生産が終了したアスカのバックライト電卓「C1008S」は、筆者のせどりチームのメンバーが780円で仕入れ、7,000円位で売ることができました。
　モノレートでこの商品を検索し、最安値、出品者数、ランキングの3つのグラフを重ねるようにし、出品すると売れることをまず確認します。この商品の場合、ランキングのグラフにはあまりギザギザがありません。ランキングだけを見ると売れていない商品だと判断してしまうかもしれませんが、そもそも出品者がいなければ商品は売れません。**ギザギザがないのは、「出品者がいない＝売れない＝ランキングが動かない」ということが理由**なのです。このグラフから出品すると売れる商品だと判断することができれば、高値で売れるお宝商品をゲットできる可能性があります。**注意したいのは、売れない商品と間違わないように長期間のグラフで確認しなくてはいけない点**です。

● バックライト電卓 ソーラーバッテリーつき シルバー C1008S（アスカ）

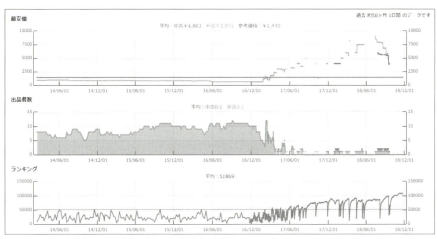

▲モノレートから出品されると、すぐに売れて出品者がいなくなっていることがわかる。
URL https://mnrate.com/item/aid/B00E1CRVWS

第3章 儲かる商品の探し方

Section **36**

お店独自のセールを狙おう

Keyword
在庫処分
数量限定

全国チェーン店にもかかわらず、お店独自でセールをしていれば、それは仕入れのチャンスです。とくに「在庫処分」や「数量限定」のセールであるかどうか注目しましょう。

狙い目は「在庫処分」と「数量限定」

　全国チェーン店にもかかわらず、その**お店独自で在庫処分セールをしていたら、ぜひ仕入れを検討**しましょう。なぜなら、そのセールで売られている商品は、そのお店以外では安く入手することができないため、それを仕入れてAmazonで出品すると、ライバル不在で一人勝ちできる可能性があるからです。

　ただ、そのお店独自のセールなのかどうかは、わかりづらいものです。わからないときは店員さんに近隣の同系列の店舗に同じ商品があるかどうかを聞いてみましょう。もし近隣の店舗で扱いがなければ、そのお店独自のセールである可能性大です。

●「数量限定」と書かれているポップ

◀「数量限定」と書かれていたら、お店限定のセールの可能性が大きい。

●「店舗限定」と書かれているポップ

◀ポップで「店舗限定」とわかりやすく表示している場合もある。

さらに、ポップに「数量限定」と書かれている商品も、そのお店限定で制限しているケースが多いです。**チラシなどで見つけたら、同じ系列店舗3、4店に電話で在庫確認してみましょう**。かけたお店に取り扱いがなければ、チラシで見つけたその店舗だけ、もしくは、扱っている店舗が少ないということです。また、お店に問合せる際は在庫数も確認します。「同じ商品を大量に買うと、怪しまれるのではないか」「お店は転売に厳しいのではないか」という不安があるかもしれません。しかし、店側も在庫は抱えたくないので、通常は大量購入するお客さんを歓迎しています。したがって、「在庫があるのでしたらたくさん買いたいので、何個あるのか調べていただけますか?」と堂々と聞いてみましょう。経験上、怪しまれたりすることはほぼありません。ただ、中にはせどりを快く思っていないお店があるのも事実です。その場合は素直にお店の対応を受け入れます。大抵のお店は積極的に協力してくれますが、すべてのお店が寛容であるとは限らないということも念頭に置いておきましょう。

全国チェーンの一斉セールに注意する

お店独自のセールと反対に、**全国規模でチェーン展開しているお店が行う「一斉セール」などでの仕入れは、大変危険**です。このようなセールの商品は全国にいるAmazon出品者のライバルが同じように仕入れて出品する可能性があり、結果として飽和状態となってしまい、価格競争による値崩れとなる可能性をはらんでいます。最終的にはそれぞれが在庫をなくしたいがために値下げ合戦を行うこととなり、赤字で終わるパターンでしょう。

また、このような一斉セールは「●月■日まで」などと期間を設けていることが多く、しかもその期間が長いのが特徴です。長期間セールを行うということは、それだけ多くの商品を用意していることになります。「全国規模のセール」+「セール期間が長い」には警戒しましょう。

Column セールのパターンを把握しておく

お店がセールを行う場合、「売上達成」という目的があります。そのため、さまざまなネーミングでセールを開催します。たとえば、開店記念などで売上を伸ばしたいときは「○周年記念セール」、客が少ない時間に売上を伸ばしたいときは「タイムセール」、雨の日も客が少ないのでセールをしてでも販売したいときは「雨の日セール」などです。よく行く近所のお店や通勤途中に見かけるお店で、どんなときにどのような名目でセールを行っているかチェックしてみてください。そして、「このお店は雨の日にセールをするんだな」などセールのパターンがわかってきたら、そのセールを狙って、お店を訪れてみましょう。

第3章 儲かる商品の探し方

Section 37

開店・閉店セールを狙おう

Keyword
開店セール
閉店セール

セールでよくあるのが「開店セール」「閉店セール」です。どちらも安く仕入れられ、確実に儲かるのですが、どちらかといえば、閉店セールのほうが利益を出す商品の仕入れが期待できます。

なぜ開店・閉店がオススメなのか

「開店セール」は、お店にとって新規客や固定客を取り込むチャンスです。できるだけ多くの人に来店してもらえるよう、セールを行いアピールします。また、全国でチェーン展開している家電量販店でも、開店セールをしているのは新規に開店するその店舗のみです。ほかの店舗ではセールを行っていないので、狙い目となります。また、日替わりセールや数量限定セールが多いのも特徴です。これらの商品を狙いましょう。限定品は個数が限られているものもあるので、家族や友人を誘って行くのもよいでしょう。

「閉店セール」には改装のための一時閉店と、完全閉店の2パターンがあります。完全閉店の場合、なるべく在庫を減らしたいという希望から、閉店日が近づくにつれ、どんどん値下げされます。また、閉店日でも閉店になる時間が近づくにつれ、さらに値下げをしていきます。どのタイミングがよいのかわからないので、まめに通うのがコツです。

「開店セール」と「閉店セール」、どちらもオススメですが、**より大きな値下げが期待できるのは「閉店セール」**です。

Column 開店セールの待ち時間について

「開店セール」の場合、開店時間まで待つこともあります。そのときにあるとよいのが、折りたたみ椅子です。開店までは意外と長い時間待つので必需品となります。また、開店の場合、開店1時間前には到着していたいものです。その際、チラシが配られることもあります。チラシにはセール情報が掲載されています。早めにもらって、モノレートでセール商品の売れ行きを調べておきましょう。

開店・閉店情報の見つけ方

　開店・閉店情報を探すとき、もっともかんたんで早いのが、「開店閉店.com」というWebサイトで確認する方法です。このサイトは日本中の開店閉店情報がすばやく更新され、また、地域や業種別で調べられるので便利です。次にオススメなのがTwitterにログインしなくてもTwitter検索ができる「Yahoo!リアルタイム検索」（https://search.yahoo.co.jp/realtime）です。「開店」「開店セール」「閉店」「閉店セール」「オープン　店舗名」などのキーワードで検索すると、最新の情報が入手できます。「Yahoo!リアルタイム検索」ではセール期間や割引率まで書かれている情報も見つけることができ、調べ方次第でそうとう役立つ情報が入手できます。「○割（引）」「○○%」「買えた」など、キーワードの組み合わせを工夫して効率よく情報を探しましょう。

　また、**求人サイトや求人チラシに「新規スタッフ募集」とあれば、新規開店による募集**とわかります。

● 開店閉店 .com

URL http://kaiten-heiten.com

プレオープンを狙う

　家電量販店やショッピングモールなどが新規開店する際、その前日などに周辺地域の住民を対象にしたプレオープンを行う場合があります。**プレオープンでの仕入れはライバルが少なく、狙い目**です。プレオープンが行われるという情報は基本的にはWebサイトなどには掲載されておらず、現地に貼られているポスターや近隣に配布するチラシなどに書かれてます。また、直接電話で確認してみるとほとんどの場合、教えてもらうことができます。新規開店のため電話番号がまだわからない場合は、同系列の近くの店舗に電話をすることで、確認できることがあります。

第3章 儲かる商品の探し方

Section **38**

店舗棚の上下四隅の商品を狙おう

Keyword
上下
四隅

仕入れでお店に行ったら、まずどこを見ますか？ せどり的にお得な商品は、実はだいたい置かれている場所が決まっています。それは世間一般で売れる商品とは真逆の場所です。

いちばん棚の奥に追いやられるお宝商品

　お店で売りたい商品や新しい商品などの目玉商品は、人間の目の高さの位置に置かれています。この位置を「ゴールデンゾーン」といいます。せどりではこのゴールデンゾーンに置かれている商品は基本的に利益が出ません。**せどりで利益の出る商品はゴールデンゾーン以外にある商品**です。

　お店では新商品が入ると、まずゴールデンゾーンに置きます。すると、これまでそこに置かれていた商品はゴールデンゾーン以外の上下左右に置き場所が移動します。つまり新商品の1つ前の商品があるのが、この場所です。さらに、棚の側面などいちばん奥には、お店にとっては「もっとも邪魔」だと思われている商品が置かれています。せどりではこのいちばん**棚の奥に追いやられた商品こそが利益をあげるお宝商品**です。ゴールデンゾーンに目を奪われないよう気を付けましょう。

● ゴールデンゾーンに注意

◀ゴールデンゾーンにはせどりで利益が出る商品は置かれていない。その上下左右に注目する。

棚の奥に追いやられた商品の中から違和感を探す

　いちばん棚の奥に追いやられている商品を見つけたら、その商品の違和感を探してみましょう。　ほこりだらけで汚い箱、色あせている、値札が付いていない、古臭い、この店にしか置いていない（他店では見たことがない）　など……。これらはすべて利益の出る可能性のある違和感です。これらの商品は、一般的には売れるものではありません。一般的なお客さんなら手に取ることすらしない商品です。しかしこの違和感には、廃番商品やプレ値の付くお宝商品の可能性があります。

　なお、このような違和感がある商品の発見率が高いのが、チェーン展開していないローカルなお店です。「違和感がある」とはいい換えれば「商品管理が甘い」ともいえます。ローカルなお店では、このように商品管理が甘い商品があるので狙い目です。

 ## 店舗全体の四隅にも注目する

　1つの棚だけでなく、店舗全体でも商品陳列を見てみましょう。お店にとって利益の出ない商品は、だいたい店内の隅のほうに追いやられています。掃除でも真ん中だけは丁寧に掃いて気を付けるようにしますが、以外と見落としがちなのが四隅です。ほこりは自然と集まり、掃除した本人も気づきにくいほど……。商品陳列も、お店にとってはほこりのような商品が四隅に集まっているのです。しかし、せどりにとってはこの店内の四隅の商品が利益が出る商品です。ここで大切なのは、四隅という場所よりも、古い商品がどのように陳列されていくかという考え方です。こうしたお店の特徴を見抜くことでも、お宝商品にも出会う確率は上がります。

● 店内の四隅にも注目

◀ほこりが被っているような店内の四隅の商品こそ、利益の出る商品である確率が高い。

第3章 儲かる商品の探し方

Section 39

キリがよい値段の商品を狙おう

Keyword
セール品
キリがよい値段

ものを買うとき、918円より1,000円と書いてあったほうが買う気になりませんか。キリのよい値段は購買意欲をアップさせます。お店側も売りたい商品があるときは、キリのよい値段を付けます。

店がキリがよい値段を付ける理由

　お店が商品を**早く売りたいと考えているとき、セール品などにキリのよい値段を付ける傾向**があります。キリのよい値段の値札に注目してみると、もとの値段の値札の上に何度も値段を張り替えた跡があることがあります。これは確実にお店が「早く売ってしまいたい」と思っている証拠と考えてもよいでしょう。

　ただ、同じキリがよい値段でも「税込1,000円」と「税抜1,000円」では若干売りたい気持ちの強さが異なります。税込でキリがよいほうが売りたい気持ちはより強く、税抜では税込に比べたらそうでもないと考えます。一概にいえることではありませんが、**お店の人がどのような気持ちで値付けしたのか、それを汲み取るような意識を持ちましょう**。

　また、たとえば下の除湿機ですが、デザインが同じで一見すると、同じ製品のように見えますが、これは左が新モデルで右が旧モデルです。新モデルが出たので旧モデルを売ってしまいたいと、半額以下に値段を下げています。さらに、旧モデルの隣には商品説明が明記された箱があり、旧モデルながらも高い機能があることをアピールして、「半額以下のお得な商品」として売ろうとしています。

● キリのよい価格の商品は早く売りたい商品

◀ 左が新モデル（税込1万6,990円）で右が旧モデル（税込8,000円）。旧モデルを早く売りたい気持ちが伝わる。

また、**多くの類似商品がある中で1つだけキリのよい値段が並べられているケース**が、下のプラレールです。1,370円、1,570円、2,070円、1,570円と並ぶ中に1つだけ1,000円とほかのプラレールより安く、しかも中央に陳列されている商品があります。これは明らかに売りたい商品であったことに間違えないでしょう。キリがよい値段の商品には、こういったケースもあるので見落とさないようにしましょう。

● 1つだけキリのよい値段の商品

◀真ん中にキリのよい値段の商品が並べられている場合も、やはりお店が早く売りたいという商品だ。

 ## 最初からキリのよい値段には注意

　ただし、**最初からキリのよい値段の商品が並んでいる場合は要注意**です。下の左の図のようにすべて同じ横並びの1,000円の商品は、利益につながりません。反対に下の右の図のように1,000円の中に1つだけ780円の商品がある場合、780円を違和感と考えて検索しましょう。いくらほかの商品が1,000円とキリがよくても、利益が見込めるのは、ほかより安くて1つしかない780円の商品のほうなのです。

● 値段のキリがよいだけではだめ

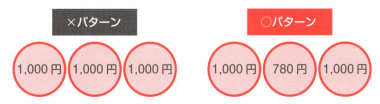

▲あまりキリのよい値段ばかりに注目していても、肝心なことを見逃してしまいかねないので注意。

第3章 儲かる商品の探し方

Section 40

ポップの書き方で
フロア責任者の性格を読もう

Keyword
- ポップ
- 責任者の性格

商品の値段や宣伝したいことを手書きで書かれた値札。このポップの書き方1つには、そのフロアの責任者の性格と、仕入れの際に役立つ情報が隠されているのです。

面倒臭がり屋なフロア責任者の場合

　ディスカウントストアのドン・キホーテや、雑貨チェーン店のヴィレッジ・ヴァンガードなどをイメージしていただければわかると思いますが、商品の値段や特徴が書かれている「ポップ」はお店や業界によって使う書体が異なります。また、フロア責任者の性格によっても、大きく違いが出るものです。

　面倒臭がり屋の責任者の場合、まずそのお店や業界で使っている書体を使わず、**値段の部分を手書きで書くポップ**が見られます。また、**元値の上にガムテープを貼り、その上になぐり書きされる**というポップもあります。これは「普段の値段より下げている」「面倒臭がり屋のフロア責任者が早くその商品を売りたがっている証」と見てよいでしょう。つまり、このポップを見つけたら「違和感」と思ってください。また、1つ見つけたら同じようなポップがほかにもあるはずです。店内を隈なく探しましょう。

● やや手抜きな値札があるとお宝商品もある？

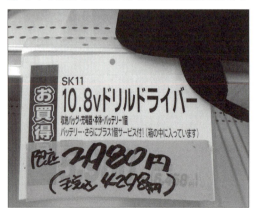

◀ 元値の上にガムテープが貼られ、手書きで値段が書き換えられている値札。もしかしたらほかにもお得な商品があるかもしれない。

きちんとした真面目なフロア責任者の場合

　いくら急いで値下げをしなければならないといっても、お店のルールはきちんと守って従うという、きちんとした真面目なフロア責任者の場合、値札の書体も体裁もお店のフォーマットに従い、イチから作り直します。そして、ときにはパソコンで作成し、プリント出力したポップを店頭に出します。

　このような責任者の場合、在庫管理をしっかりとやっている場合が多いのが特徴です。たとえば、<u>処分品が1つの棚に集められている</u>場合が多く、また、商品がしっかり整理整頓されています。整理整頓されている場合は、処分品や値下げ品が集められている場所を探してみましょう。まとめて掘り出しものが見つかるかもしれません。

● きちんとした真面目な責任者のポップ

◀商品名や説明、値段などがパソコンで丁寧に入力されている。

💴 Column　だらしないフロア責任者の場合

本人しか読めないような手書きのJANコードなど、だらしないフロア責任者の場合、ポップすら書き換えていない場合があります。つまり、1つ極端にだらしのない雑な値札を見つけたら、その売り場にはもしかしたら、隠れセール品があるかもしれません。利益の出る商品があちこちにある可能性があるので、いろんな場所を見て、検索してみるとよいでしょう。

第3章　儲かる商品の探し方

> 第3章 儲かる商品の探し方

Section **41**

値札に隠された意図を読もう

Keyword
値札
隠された意図

値札にはそのお店だけで使われている独自のルールがあります。そのルールには、「在庫処分」「値下げ品」などの店側の意図が隠されていることがあります。

 ## お店独自の合図を読み取る

たとえば、地方のお店によくあることですが、ポップや値札に「赤いシールが貼ってある」「バーコードに蛍光ペンでラインが引かれている」「値段のところに蛍光ペンでラインが引かれている」といった印を目にすることがあります。一瞬、「どういうことだろう?」と疑問に思いますが、しかし、さまざまな商品に規則的にそれらが付いていたりすると、「何かの目印なのかな?」との思いに至ります。そして、「これは お店独自の商品管理の合図 なのでは?」という結論に達するわけです。

ではどのような意味を持つ合図なのでしょうか。それを紐解くために、まずはそれらの印の商品を検索してデータを集めていきましょう。すると、ある規則性があることがわかってきます。それは「在庫処分」の合図なのかもしれませんし、「今後の仕入れなし(廃番商品)」なのかもしれませんし、もしくは「値下げ品」なのかもしれません、ということです。

● 蛍光マーカーが付いた値札

◀値札のバーコードの部分にピンク色の蛍光マーカーが付けられている。

ルールに気づいたら検索しまくる

規則性に気づいたら、あとはどんどん検索するのみです。検索していくうちにたとえば「赤いシール」の商品で利益が出たとします。そうしたら「赤いシール」がついた値札の商品を集中的に検索していきましょう。利益が出る商品が続々と出てくる可能性が高いです。こうして、お店を攻略することができます。

● 赤いシールが付いた値札

◀ 値札に赤シールが付いていたら、ほかの商品にもあるか探してみてそれらの規則性を探る。

● お店しか知らないお得商品の探し方

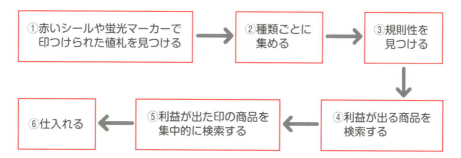

Column　お店ごとに異なるので注意

規則性が見つかると、あとはそのお店でその規則に基づいて、仕入れ商品を探すことで、ライバルと差を付けることができます。しかし、ここで注意が必要なのは、あくまでもその規則はそのお店のみである可能性が高いということです。A店では、蛍光マーカーのあるポップは「在庫処分」の合図であったとしても、B店では「本部から売るように指示されている商品」の合図ということもあります。

第3章 儲かる商品の探し方

Section 42

決算期を狙おう

Keyword
決算期
グループ企業

決算期とは会社の収益と損失を算出する月のことで、企業としてはよりよい収益を出したい月です。そのため、決算期に値引きをし、少しでも多く収益を得ようとする企業が多いのが一般的です。

決算月は企業によって異なる

一般的に決算期は年度末の3月と思われているようですが、実際は企業によって異なります。たとえば、家電量販店でもヨドバシカメラやヤマダ電機は3月、ビックカメラは8月に総決算月を迎えます。また、西松屋やしまむら、ニトリは2月に決算となっています。**どの企業でも決算月は売上を伸ばしたいので、決算月に安売りセールを行います**。各企業によって決算月は異なるので、まずは、せどりで利用する各企業の決算月を知ることから始めましょう(P.101参照)。最近はグループ化している企業も多いので、決算セールはグループでも狙えます。たとえばビックカメラだと、コジマやソフマップなどがグループ企業です。

仕入れに行く時期ですが、時期は**決算セールの「最初」と「最後」が狙い目**です。「最初」は値下げ商品の数も大量で、「景気づけに花火を上げる」感覚でドンと出てきます。また、「最後」はなんとか売上を伸ばしたいという思いからどんどん値下がりしていきます。ですから、安い商品を大量に仕入れることも可能です。

企業の決算セールを大いに活用し、あなたの収益も大幅に上げてください。

● 決算セールの狙い目の仕入れ時期

▲決算セールの時期でも、最初と最後を狙うとより安く仕入れができる。

主な仕入れ先の決算月を把握する

　せどりの主な仕入れ先の決算月の一覧表です。仕入れ先に考えている企業の決算月が何月か、確認しておきましょう。また、「自宅近く」「通勤圏内」「店舗ジャンル」「得意・趣味ジャンル」別に分けてみたり、決算月ごとに狙う企業や店舗を決めてもよいでしょう。この表は決算月と企業名を羅列しただけのシンプルな表です。表を活用し、あなた自身のオリジナル決算一覧表を作成してみてください。なお、半期（中間）決算とは、1年の半分、半年に一度行われる決算のことをいいます。**半期決算セールのある企業は1年に2回もセールがある**ので、こちらも要チェックです。

● 主な仕入れ先の決算月一覧表

【1月】
トイザらス

【2月】
赤ちゃん本舗
アリオ
イトーヨーカドー
ベスト電器
WonderGOO
イオン
R.O.U
DCMホールディングス
ジェーソン
トレジャー・ファクトリー
ライフ
イズミヤ
ダイエー
ロフト
西松屋
しまむら
コーナン
カインズ
古本市場
タワーレコード
HMV
アニメイト
新星堂

サンデー
ケーヨーデイツー
ダイユーエイト
アピタ
ミスターマックス

【3月】
ヤマダ電機
ヨドバシカメラ
K'sデンキ
カメラのキタムラ
Joshin
エディオン
ノジマ
東急ハンズ
PLAZA
マツモトキヨシ
サンドラッグ
BOOKOFF
ゲオ
オートバックス
イエローハット
カワチ薬局
TSUTAYA
ハードオフ
ららぽーと
ヤフー

駿河屋
PCデポ
コメリ
ナフコ
ビバホーム

【5月】
ヴィレッジヴァンガード

【6月】
ドン・キホーテ
とらのあな
ジョイフル本田
ハンズマン

【8月】
ビックカメラ
ソフマップ
コジマ
島忠

【9月】
まんだらけ

【12月】
西友
楽天

▲6ケ月前には半期（中間）決算となる（例：8月決算の会社は2月が半期決算）。

第3章 儲かる商品の探し方

Section 43

お得な定期イベントを狙おう

Keyword
風物詩的イベント
定期イベント

「定期イベント」には2つの意味があり、1つはお正月の「福袋」や秋の古本市など、季節を感じさせるイベントです。もう1つは量販店や団体が毎年決まった時期に行うイベントのことです。

季節の風物詩的イベント

　毎年、**お正月に販売される福袋は、まとまった数の商品を安く仕入れられるので、大きなチャンス**です。お店により初売りの日は異なりますが、ここでは家電量販店を例に説明しましょう。初売りの日は同じ系列のチェーン店でも、店舗によって、あるお店では1日、あるお店では2日といった感じで異なります。その場合、1日も2日も初売りに行きましょう。同じ系列なら仕入れの数も2倍で、ポイントも稼げます。

　また、古本の聖地・東京神田神保町では、**毎年10月下旬から11月上旬にかけて「神田古本まつり」（主催:神田古書店連盟）が開催**されます。約500mに渡り秋空のもと、古本がワゴンセールで大量出品されます。通常、古本を探すには、各古書店内へ入って物色しなければなりませんが、ワゴンセールなので気を使わず思い切り探せるのがよいところです。よく探せば、すごく安いものやコンディションのよいものが見つかります。また、新刊書は基本的に値引きができない商品ですが、中にはバーゲンブックと呼ばれ、新刊書でも値引きされている本があります。古本祭りではこのバーゲンブックを狙ってもよいでしょう。本の仕入れはかなり重くなるので、キャリーバックやスーツケースを持っていくことをオススメします。

● お正月恒例の福袋

◀ 福袋は家電量販店以外にも、ディスカウントストアやスーパーなどでも売られている。

せどりの仕入れに最適な定期イベント

　一般的にはあまり知られていませんが、地元の人やせどりをする人に知られたイベントを紹介します。毎年開催されるとは限りませんが、このようなイベントでの仕入れは大きな利益につながることを覚えておきましょう。そのように考えると、せどりができそうなイベントは全国各地で開催されています。

■ ヤマダ電機 蚤の市

　以前は全国で開催されていたヤマダ電機の本社がある群馬で開催されるアウトレット商品の激安セールイベントです。開催情報が出るのが開催2週間前と急ですが、1日で10万円、コツをつかんで30万円の利益を出す猛者もいます。例年11月の第3土日に群馬県前橋市のグリーンドームで行われます。筆者は前乗りし、初日の開場前の朝5時には並んで開場を待っていました。また、「1人1個」という商品も多いので、複数で行ったほうがお得です。最終日になるとどんどん値下げが始まります。そのときは、値段ラベルを張り替える「ラベラーマン」を探しましょう。ラベラーマンの服装は一般人に扮しているので要注意。彼らが行くところにはおいしい商品があります。

■ おもちゃ団地チャリティーバザール

　栃木県下都賀郡壬生町のおもちゃ工場団地で毎年12月に開催されているのが「おもちゃ団地チャリティーバザール」（主催：おもちゃ団地協同組合・おもちゃ団地企業連絡協議会）です。このバザールは社会貢献と地域活性化を目的としたイベントなので、文字どおりその「チャリティーの雰囲気」を大切にして参加してください。また、こちらも最終日に値下げがあります。

■ ヴィレッジヴァンガードお宝発掘セール

　東京・大阪・名古屋で3月から4月にかけてそれぞれ2日間で開催されます。1個数百円という雑貨から、帽子や服などの衣料品、数万円もする時計まで、多種多彩に取り揃えています。1日目の初日は50％オフ、2日目は70％オフになるので高価なものの狙いもオススメです。

第3章 儲かる商品の探し方

Section 44

Keyword
ネットショップ
仕入れ

利益が出る商品を見つけたらネットショップでも検索してみよう

利益が出る商品を実店舗で見つけたら、そのお店のネットショップで同じ商品があるかどうか検索してみましょう。同じ商品でもネットショップのほうが安いことがあるからです。

利益の出る商品をネットショップで仕入れる

　実店舗で利益が出る商品を見つけたらその場で仕入れ、さらにその**実店舗のネットショップを確認し、同じ商品があるかどうか検索してみるとよい**でしょう。多くの実店舗はネットショップを展開しています。また、そのようなネットショップでは、それ以外の商品も利益が出る可能性があるので検索して探します。「ワケあり商品コーナー」でセール販売を行っていれば、こちらから安く仕入れることができることもあります。運がよければ、実店舗よりも安く販売されている商品を見つけることができます。また、ネットショップにも「アウトレットコーナー」があり、ここには生産終了になった商品や実店舗でいうところのワゴンセール、処分品コーナーのようなセールを展開していて、これが結構穴場です。そのほか、ネットショップによっては時間帯限定でセールが行われる「タイムセール」も実施されています。

　なお、実店舗には在庫がない商品もネットショップには残っていることもあります。実店舗で探して利益の出た商品は、ネットショップでさらに安く仕入れましょう。

● 実店舗のネットショップも確認

◀今ではほとんどの実店舗が、インターネット上でもショップを展開している。抜かりなくチェックするようにしよう。

仕入れで使えるネットショップの形態

　ネットショップは、実店舗が展開するショップだけではありません。商品を探すなら「Yahoo!ショッピング」や「楽天市場」のような**モール型ネットショップ**もオススメです。これらのネットショップの中にはアウトレット商品を専門に販売している店もあります。さらに、その店を調べてみると、独自に別のネットショップを運営しているケースもあり、そちらのほうが安く購入できる、といったこともあります。

　また、「ロジテックダイレクト」や「サンワダイレクト」のような**メーカー直営のアウトレット通販ショップ**にも利益が出る商品が数多くあります。利益が出る商品をこれらのサイトでもチェックしてみると、安く仕入れることができる場合もあるのです。なお、ネットショップで仕入れるテクニックについては、Sec.59〜62で詳しく解説しています。

● 仕入れで使えるネットショップ例

- 実店舗が展開するネットショップ
  - ビックカメラ.com　https://www.biccamera.com/
  - ヨドバシカメラ・ドット・コム　https://www.yodobashi.com/
  - ノジマオンライン　https://online.nojima.co.jp/
  - ヤマダウェブコム　https://www.yamada-denkiweb.com/

- モール型ネットショップ
  - Yahoo!ショッピング　https://shopping.yahoo.co.jp/
  - 楽天市場　https://www.rakuten.co.jp/
  - Wowma!　https://wowma.jp/
  - ポンパレモール　https://www.ponparemall.com/

- メーカー直営ネットショップ
  - ロジテックダイレクト　https://www.pro.logitec.co.jp/
  - サンワダイレクト　https://direct.sanwa.co.jp/
  - アイリスオーヤマ公式通販サイト　https://www.irisplaza.co.jp/
  - コールマンオンラインショップ　https://ec.coleman.co.jp/onlineshop/

COLUMN

人気コラボ商品を狙おう

利益を出しやすい商品の1つに、コラボ商品があります。コラボ商品は、もとの商品のファンとコラボ対象のファン、それぞれのファンが求める商品となり、人気商品になりやすい傾向があります。また、多くのコラボ商品は限定品であり、利益が出やすくなっています。ユニクロやGUなどのファストファッションをはじめ、ゲームやスポーツチームグッズ、ファッションブランド、おもちゃ、食品、飲食店、腕時計、日用品など、幅広いジャンルでコラボ商品はあります。各企業のホームページやLINE@、Yahoo!リアルタイム検索などから情報を得られるので、チェックしてみましょう。

商品は一般的に、希少価値が高ければ高いほど価格が上がります。価格が上がることがわかっていれば、早めに買いに行くとよいでしょう。しかし、大量に生産されているものも多くあるので、確実に価格が上がるかどうかは不透明です。

このような人気商品の発売直後は、生産量、ライバル出品者の数が読みきれません。いちばん確実に利益が出るのは、最初の価格高騰が終わって世の中の流通量が少なくなったときです。二次的な価格高騰は安定して高値になり、出品者も少ないので大きな利益になります。この下で紹介しているリカちゃん人形が典型的な例です。

● リカちゃん ドール VERY コラボ コーディネートリカちゃん

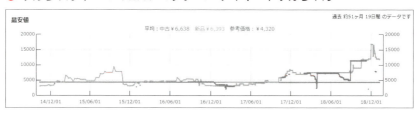

▲ URL http://mnrate.com/item/aid/B00O4OAG98

リカちゃん人形と雑誌「VERY」がコラボした商品。定価は4,000円ながら、16,800円の新品商品の値が付いたことも。

第4章
仕入れ先別 狙い目商品の探し方

Section 45	店舗せどりの代表的仕入れ先を知ろう
Section 46	店舗せどりの仕入れルートの作り方
Section 47	仕入れルートは豊富に用意しよう
Section 48	家電量販店で狙いたい商品
Section 49	ホームセンターで狙いたい商品
Section 50	ディスカウントストアで狙いたい商品
Section 51	スーパーで狙いたい商品
Section 52	100円ショップで狙いたい商品
Section 53	コンビニで狙いたい商品
Section 54	ドラッグストアで狙いたい商品
Section 55	フィギュアショップで狙いたい商品
Section 56	リサイクルショップで狙いたい商品
Section 57	古本屋で狙いたい商品
Section 58	フリーマーケットで狙いたい商品
Section 59	電脳せどりも店舗せどりと同じように考えよう
Section 60	「メルカリ」「ヤフオク!」で狙いたい商品
Section 61	ネットショップで狙いたい商品　～公式オンラインストアの限定品
Section 62	ネットショップで狙いたい商品　～食品
COLUMN	バーコードリーダー×イヤホンを使った応用仕入れ術

第4章 仕入れ先別 狙い目商品の探し方

Section 45 店舗せどりの代表的仕入れ先を知ろう

Keyword
店舗せどり
仕入れ先

せどりは「安く仕入れて高く売ること」が基本です。安く仕入れができればどんなお店でも仕入れ先になります。広範囲の中からやりやすいお店やジャンルを徐々に絞っていきましょう。

あらゆるジャンルの店舗が仕入れ先になる

「店舗せどりはどこのお店に行けばよい?」という質問がよくありますが、筆者はいつも「すべてのお店が対象です」と答えています。「安く仕入れて高く売る」というせどりの鉄則に従えば、あなたが「この店!」と思えば、**どんなジャンルのお店でも仕入れの対象**になります。

まずはあなたの属性に適したお店から攻めていきましょう。たとえば、あなたが男性であれば男性向けの商品を扱っているお店を、あるいは既婚で家庭をもっているのなら、ファミリー向けの商品を扱っているお店、お子さんがいればおもちゃを売っているお店など、普段から利用しているお店へ行きましょう。

ただ、この「安く仕入れて高く売る」というルールを深く読めば、もう少しお店が絞られてきます。つまり、セールや値引きをしているようなお店のほうが、より「安く仕入れて高く売る」ことが可能になるということです。具体的には家電量販店、ショッピングモール、ホームセンター、ディスカウントストアなどになります。これらのお店は**いつ行ってもどこかでセールをしているというのがポイント**です。

● 筆者がせどりの仕入れでよく利用するお店

家電量販店／ショッピングセンター(ショッピングモール)／ホームセンター／ディスカウントストア／スーパー／アウトレット／パソコンショップ／子ども衣料品店／カー用品店／ペットショップ／楽器店／ドラッグストア／リサイクルショップ／書店／音楽CD店／自転車店／スポーツショップ／ゴルフ用品店／釣り具店などあらゆるジャンル

具体的な仕入れ先

　仕入れ先として筆者がよく利用するお店の中でもとくに利用頻度の高いお店は、家電量販店、ショッピングモール、ホームセンター、ディスカウントストアです（どこでもせどりはできるので、紹介する順番は気にしないでください）。

　まず、男性が行きやすいのはヤマダ電機、ノジマ、ビックカメラなどの**家電量販店**（Sec.48）です。商品数が豊富で、かついつでもセールをやっています。チラシには商品の品番が掲載されているので、あらかじめチェックしてからお目当ての商品を仕入れに行くこともできます。

　また、イオンやアリオ、ららぽーとなどの**ショッピングモール**は食料品から衣料品、電化製品まであらゆるジャンルの商品を扱っており、買い物ついでにせどりができる手軽さがよいです。

　さらに、カインズホーム、コメリ、島忠ホームズなどの**ホームセンター**（Sec.49）もチラシ作成率が高いので、こちらもチェックしておきましょう。ホームセンターの場合、家電量販店と違い、「お1人様1点限り」ということがあまりないので、好きなだけ仕入れられるのが嬉しい点です。また、大型の商品などは仕入れる人も少ないので高値で売れる可能性も高く、狙い目です。

　最後に、ドン・キホーテやロジャースなどの**ディスカウントストア**（Sec.50）です。もともと格安販売を目玉にしているため、店の隅々までチェックするとお宝商品が出てきやすいです。ドン・キホーテでは、ごちゃごちゃした陳列方法が特徴で、通路にまではみ出した商品など商品陳列はまるで無法地帯です。量販店などにありがちなセール品だけを置くスペースがほとんどありません。しかし、値引き品がないわけではありません。狭い場所ながらもどこかに値引き品を置くスペースをちゃんと作っています。多少面倒でも、陳列棚を隅々まで見ていき、値引き品を探してください。

Column　お店のジャンルは違っても扱う商品は同じ

たとえば電化製品の場合、家電量販店はもちろん、ショッピングモールやホームセンター、ディスカウントストアでも販売しています。例を1つ挙げると、ドライヤーはどこのジャンルのお店にも置いてあります。では、どこから仕入れるのがよいのでしょうか？まずは家電量販店を見てみましょう。ほかにもショッピングモールやホームセンター、ディスカウントストアをチェックします。利益が出るのなら、どこのお店で仕入れてもよいのです。気になる商品を見つけたら、「これ、量販店にもあるかな？」「あのスーパーにも置いてあったかな？」というクセを付けるとよいでしょう。

第4章 仕入れ先別 狙い目商品の探し方

Section 46

店舗せどりの仕入れルートの作り方

Keyword
ロケスマ
Googleマップ

仕入れるお店を回るルートは、あらかじめ作成しておきましょう。スマートフォンの「ロケスマ」アプリと、「Googleマップ」を組み合わせることで、かんたんにルート作りが行えます。

💰 Googleマップ上に仕入れ店舗をマッピングする

　仕入れは効率よく回りたいです。丸1日仕入れの時間を設けたとしても、実際に動くと、どこの店に行こうか悩んでしまうことがあります。思いつきでお店を回っていても、思うように行かずにストレスが溜まり、心身ともに疲れてしまいます。そこで、2つのサービスを使って仕入れルートを作り、それに従って動く方法を提案します。

　これは、仕入れに行く可能性のあるお店をすべてマッピングし、仕入れルートを作るというものです。マッピングをすることで、自分の好きなお店ばかり行くことを防ぎ、また、新しい情報を入れることができるようになります。スマートフォンの「ロケスマ」アプリとパソコンの「Googleマップ」（https://www.google.com/maps）を組み合わせることによって、シンプルかつかんたんなルートを作る方法です。それぞれメリットとデメリットがあるこの2つのサービスを組み合わせることで、補い合い最強の仕入れルートを作ることができるようになります。

● 「ロケスマ」アプリ

メリット
・チェーン店検索が優れている
・家電量販店やドラッグストアなど、ジャンル別にお店が出てくる
・Googleマップより詳しい
・ホームページや店内の画像も見ることができる

デメリット
・ジャンルをまたいで表示できない

● Googleマップ

メリット
・常に最新情報（閉店情報などもわかる）
・知らないお店も載っている
・類似したお店も表示してくれる
・Webサイトも掲載されている
・ストリートビューが役立つ（本当にそのお店があるのかどうかがわかる）

デメリット
・ロケスマより表示件数が少ない

仕入れルートを作成する

　「ロケスマ」アプリを起動し、下にスワイプすると、「TOP」「フード」「ショッピング」「サービス/施設」が画面下に表示されるので、＜ショッピング＞をタップします。「家電量販」「ホームセンター」「ディスカウント」などジャンル別にズラリとリストが表示されます。左の☆をタップすると、お気に入りに登録することができます。P.108で紹介したようなお店のジャンルを、お気に入り登録するようにしましょう。

　登録したら、画面下部の右にある＜お気に入り＞をタップします。ここの画面から、先ほど登録した行きたいお店のジャンルをタップし、虫眼鏡アイコンをタップして住所を検索すると、任意の住所に該当するお店がピン表示されます。

● ロケスマでお店のジャンルを登録

◀ 家電量販やホームセンター、ディスカウントなどを「お気に入り」に登録しておこう。

　次にパソコンを開きましょう。スマートフォンで「ロケスマ」アプリを見ながら、Googleマップで店舗名を検索します。Googleマップにピンと店舗名が表示されたら店舗名をクリックして、＜保存＞をクリックします。この作業を繰り返していくだけでマッピングできます。あとはマッピングしたGoogleマップをもとにルートを考えるだけです。**行きたい順に紙にメモし、店舗名と電話番号を控えます**。車で移動する筆者の場合、電話番号をカーナビに入力して、効率よく順番に回って仕入れを行います。

● ロケスマの店舗情報を Google マップにマッピングした状態

◀ Google マップをもとに、行きたい順に紙にメモして、仕入れルートを作成する。

第4章 仕入れ先別 狙い目商品の探し方

仕入れルートは豊富に用意しよう

Keyword
6方向
多めのリストアップ

仕入れルートは、たくさん作成しておくのがオススメです。会社帰りやちょっと時間ができたときなど、どこへ行くか悩むことなく、すぐに仕入れに回ることができます。

豊富な仕入れルートを作成する

　自分専用の仕入れルートを作っておけば、時間が少し空いたときなど、すぐに仕入れができるのでオススメです。また、仕入れルートはできるだけたくさん作成しておき、常に引き出しがある状態にしておくのが理想的です。

　たとえば会社帰りに仕入れをしたり、自宅近辺で仕入れをしたりする場合、**自分を中心にして6方向程度ルートを作成**します。そうすることにより、会社帰りに仕入れをしようかというときに、「昨日はルート1を行ったから、今日はルート3で行こう」という使い方ができ、店舗探しに迷いがなくなります。ルートは「通勤バージョン」と「自宅周辺バージョン」をそれぞれ6ルート、合計12ルートは考えておきましょう。さらに、**予備でひと駅分プラスするなどした「遠回りバージョン」も4つぐらい作成しておく**と、よいかもしれません。

● ルートを豊富に用意しておく

▲ バリエーションを豊富に用意しておけば、行くお店に悩まずすぐに動くことができる。

やや多めに回る店舗をリストアップ

　仕入れ先回りで大事なのは、次の行き先を迷わないようにすることです。そのつど考えていると疲れてしまって長続きしません。仕入れがうまくいっているときは、行き当たりばったりでも問題ありませんが、仕入れには「無理して行ったけれど、仕入れるべき商品がなかった」ということも当たり前のようにあります。その場合に「はい、次のお店!」というような気持ちの切り替えが必要になります。そのため、常に次にどんどんと行けるような状態にしておくのがとても重要なのです。そのようなことも考慮して、1日に10店舗行けそうなら、少し多めに15店舗ぐらいリストアップしておきます。**余裕をもって、仕入れ先のお店は多めにリストアップする**ようにしましょう。

● 回るお店は多めにリストアップ

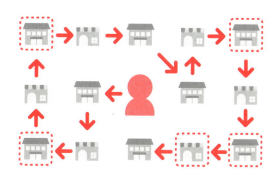

◀ 回りきれないくらいのお店の数をリストアップするくらいがちょうどよい。

💴 Column　同じお店に仕入れに行く間隔

「毎日同じお店に行っていたら、店員さんに怪しまれるのではないか？　同じ商品ばかりではないのか？」など、同じお店にどれくらいの間隔を空けて行けばよいのかは悩みどころです。人によっては1ヶ月空けて行く、または3日空けて行くという人もいます。ただ、せどりはタイミングです。まったく仕入れに値するものがないお店でも、目の前で値引きをしてくれれば利益が出るものになるので、「何日間隔を空ければよい」という答えはありません。

ちなみに、筆者の場合は短ければ3日、基本的には1週間空ければ顔を出してもよいかな、と考えています。ただ、これはお店のお客さんの数や商品の流通量に左右されるので、明言はできません。たとえば、結構な繁盛店なら2日おきに行っても商品数が変わる場合もありますし、あまりお客さんが来ないお店に2日おきに行っても、商品に変化がない場合もあります。品揃えに変化がない場合、1ヶ月ぐらい空けてみるのもよいでしょう。

大前提は、「お店によって決める」ですが、基本的には1週間ぐらい空ければよいと思います。

第4章　仕入れ先別　狙い目商品の探し方

第4章 仕入れ先別 狙い目商品の探し方

Section 48

家電量販店で狙いたい商品

Keyword
生産終了品
型落ち品

家電量販店での仕入れは、目利きが必要ですが、「違和感」のある商品を探すことでフォローできます。とくに生産終了品や型落ち品はAmazonで利益が出しやすいのでオススメです。

家電量販店で利益を出す

「せどり」というと、まず、家電量販店での仕入れをイメージする人も多いと思います。しかし、実際には家電量販店に置かれている商品すべてが仕入れの対象ではありません。家電量販店に行き、闇雲に売られている商品を単に仕入れたところで利益は出ません。大事なのは、仕入れようとしている商品がきちんと利益が出る商品であるのかどうかになります。**家電量販店での仕入れには、それなりの「目利き」が必要**となります。商品知識があったほうが有利ということです。

では、**どのような商品がよいかというと、廃番商品(生産終了品)や型落ち品、季節の入れ替わり商品(季節商品の処分品)、「在庫限り」の張り紙が貼られた商品、つまり、お店が売りたがっている商品**です。これらの商品は「違和感」のある商品ともいえます(Sec.31参照)。目利きに自信がなくても、まずは違和感のある商品を見つけることで利益を出すことができます。なお、家電の保証書の取り扱いについてはP.181で解説しています。

● せどり仕入れの代表格・家電量販店

◀ 利益が出せる商品を探すには目利きが必要だが、目利きがなくても「違和感」のある商品を探せばよい。

生産終了品・型落ち品に注目する

　せどり初心者に狙い目なのが、新商品が出たため古い商品として扱われる生産終了品（廃番商品）や型落ち品です（Sec.35参照）。お店としては古い商品を売り切り、新商品をメインで販売したいと考えています。そして、それらの古い商品は、せどり的にはおいしい商品です。「生産終了」「型落ち」とはいえ、機能的には新旧商品でほぼ同じ場合があり、にも関わらず安く仕入れることができるためです。また、ネットで買い物をする人は、新商品を求めている人ばかりではなく需要があるため、利益を出しやすいといえます。

　具体的には、炊飯器やコーヒーマシン、ヨーグルトメーカー、ホームベーカリーといった調理家電や、パソコン、オーディオ系（イヤフォン、ヘッドフォン、音響機器、ICレコーダー）、ゲームなどの型落ち品がオススメです。

　また、大型の家電量販店には、おもちゃも売られています。おもちゃは箱が色あせ、ほこりをかぶっている一般のお客さんが手を出さないいかにも古そうなものが狙い目です。さらに、同じ商品のように見えても、極端に安い値段が付けられている商品もあります。たいていわかりやすく大きなポップで値段が書かれており、たとえば2,000円のものが980円とか500円で売られているような商品は要チェックです。こういった商品が型落ち品で、高値で売れる場合が多いのです。

● 生産終了品が処分セールに

◀ 家電量販店ではこのように商品の入れ替えによる売り切り処分が頻繁に行われている。

第4章 仕入れ先別 狙い目商品の探し方

Section
49

ホームセンターで狙いたい商品

Keyword
季節商品
サービスカウンター

ホームセンターは商品数も種類も豊富なため、仕入れのポイントを絞らないと、お店に行ってもただ時間だけが過ぎてしまうことがあります。ホームセンターでは季節商品が狙い目です。

品揃えが多い分、狙いをしっかり定める

　ホームセンターは日用品や食料品から家具、家電、園芸用品、自転車・カー用品、DIY用品、工具など、生活に必要なものがバラエティー豊かに売られています。店内に入ると商品の種類が豊富なため、思わず目移りしてしまいます。そのため、ホームセンターでの仕入れは、あらかじめある程度狙いを定めてから行くとよいでしょう。では、何を狙えばよいのでしょうか？

　ホームセンターは、季節感を大切にした商品を陳列している「季節にいちばん敏感な仕入れ先」です。ですので、**仕入れの際は、季節の変わり目を狙ってください**。季節の変わり目には、ホームセンター側でも季節の商品をなんとか売りさばこうと値引きをしているからです。季節商品は実店舗ではその季節を逃すとなかなか売れませんが、**ネットでは季節関係なく売れます**（Sec.34参照）。

　なお、ホームセンターで販売されているプライベートブランドは仕入れてもAmazonでは商品ページがなく売れない場合が多いので注意しましょう。

● 目移りする店内

◀ さまざまな商品が並ぶホームセンターでは、事前にどのようなものを仕入れるか狙いを定めておく。

季節商品は利益が出やすい

　ホームセンターの**入口には、もっともお店が押している季節商品が並びます**。たとえば、春なら文房具（筆箱、鉛筆削り、書道セットなど）や行楽用品（水筒やお弁当箱など）、夏ならプール用品やバーベキュー用品などのアウトドアグッズ、扇風機、秋冬なら暖房器具（こたつ、電気毛布、ストーブなど）や土鍋、小型IH調理器などです。
これらの商品が売れ残り、処分セールとなるときがいちばんの狙い目です。

　お店側はシーズンが終わると、在庫を抱えたくないので売りたがります。できるだけ売り切って、その棚には次の季節商品を置きたいと考えているのです。このタイミングを逃してはいけません。Amazonでは季節商品であっても通年利益をあげて売ることが可能です。たとえば、こたつです。ホームセンターでは冬に1万円で売っていても、冬が終われば、2,000円～3,000円で売り切ってしまうことがあります。これを仕入れてAmazonで売ると、意外かもしれませんが冬でなくてもこたつは売れるので、しっかり利益を出すことができるのです。

● 季節商品はオフシーズンでも売れる

◀ Amazonでは夏でもこたつが、冬でも扇風機が売れる。

💴 Column　お宝はサービスカウンターに

　ホームセンターではサービスカウンターも覗いてみましょう。サービスカウンターにはガラスのショーケースがあり、そこにはカーナビなどやや高価な商品が並んでいます。それらの商品は5,000円や1万円などキリのよい数字で、意外と安く販売されていることがあります。
　多くのお客さんはサービスカウンターをじっくり見て購入することはありません。しかし、実はこのショーケースに利益が出るお宝商品が陳列されているのです。カー用品コーナーでは取り扱っていない型落ち品も、サービスカウンターには残っていることもあります。キリのよい値段に違和感を覚えたら検索してみると、実は廃番となっていて高く売れるものだったりすることもあるのです。お店に長く置かれてしまった（残ってしまった）商品には利益が出る商品が多く、そのような商品はサービスカウンターのショールームに放置されていることが多いです。ですので、ホームセンターに行ったらサービスカウンターもチェックしてみましょう。

第4章 仕入れ先別 狙い目商品の探し方

Section
50

ディスカウントストアで狙いたい商品

Keyword
独自の流通
お店独自のセール

独自の流通により激安価格で販売しているディスカウントストアは、最近では外国人観光客がよく訪れることでも有名です。お店独自のセールも多く、せどりの仕入れ先にも最適です。

独自の流通による激安品を狙う

　ドン・キホーテ、ロジャース、ジャパン、トライアル、ダイレックスなどのディスカウントストアは、メジャーなせどり仕入れ先の1つといってもよいでしょう。

　ディスカウントストアも家電量販店などと考え方は一緒です。**季節が切り替わりのときに処分セールが行われ、新製品発売の時期には「型落ち品」が安く売られる**ことがあります。

　ディスカウントストアの商品がもともと安いのには、「現金による仕入れでリスクが少ないため、メーカーなどが安く提供してくれる」「メーカーと直接取引なので、中間マージンが取られない」「メーカーの在庫処分で大量に安く仕入れられる」といった理由があります。このような独自の流通で、嘘のような信じられない激安価格で販売されているときがあります。たとえば、数千円もするような商品が300円～500円程度で販売されていることもよくあることです。**ディスカウントストアでは、破格の値下げをしている商品を探しましょう。**

● 最近は都市部への出店も

◀ 独自の流通で破格の安さが売りのディスカウントストア。セール品以外でも利益が出せる商品も多い。

お店独自の処分セールで一人勝ち

ディスカウントストアは商品数が多いのが特徴です。そのため、ドン・キホーテのような全国展開しているチェーン系のディスカウントストアでも、各店舗で独自に処分したい売れ残り品などをセール販売しています。「こんな低価格で!」と驚くくらいの格安価格で仕入れることができるのです。

お店独自のセールは全国で一斉に行われるセールではないので、ライバルが少なかったり、ほとんどいなかったりするのが大きなポイントです。つまり、**Amazonで売っても価格競争が発生しにくいので、一人勝ちとなることができます**。

● お店独自の処分セール

◀ お店独自の処分セールの商品は、一人勝ちできるものが多い。

独自の店作りに注目

ディスカウントストアは、ポップが段ボールに手書きで書かれていて個性的だったり、商品数が多かったりお店の特徴がわかりやすく、「違和感」が出やすいのも特徴です。1つ違和感が見つかると、関連商品やその商品の型落ち品など、次から次へと横展開でき、仕入れをしやすいというメリットがあります。

また、化粧品から家電まで何でも揃っているので、これを仕入れるべきという決まりはありません。あえていうなら、**お店にずっと置かれていたであろう箱が色あせている商品だったり、ほこりを被っているような古い商品が利益が出やすい**でしょう。これらの商品は、主力商品が置かれるお客さんの目線に合わせたゴールデンゾーンにはなく、棚の上や下に追いやられています。しかも、処分価格であることが多く、Amazonではライバル出品者がゼロの可能性も大です。ほかに出品者がいなければ強気の値付けができるので、ディスカウントストアに行った際には必ず狙いたいものといえます。

第4章 仕入れ先別 狙い目商品の探し方

Section 51

スーパーで狙いたい商品

Keyword
処分セール
子ども家族向け

生活に身近なスーパーでは家電や文房具、キッチン用品などが仕入れの対象になります。ファミリーや主婦が好きそうな商品が狙い目です。処分品やワゴンセール狙いで、お宝をゲットしましょう。

 品数豊富なスーパーは処分品も多い

　イオンやイトーヨーカドー、西友などスーパーも仕入れの対象となります。スーパーは幅広いタイプのお客さんに満足してもらえるよう、食品から日用品、家電まで広範囲の幅広いジャンルの商品が揃っており魅力的です。ただ、それだけ商品数が多いと、「売れない商品」「処分セール品」も出やすいともいえます。そのため、**ワゴンセールもよく行われており**、ワゴンもわかりやすいところに置かれていることもあります。代表的な違和感である**「在庫限り」という貼り紙も目立つところにあり、お宝商品が発見しやすい**のも嬉しい点です。違和感を覚えたら、すぐさま商品を検索してみましょう。利益が出る商品が見つかるはずです。また、スーパーではファミリー向け商品が多いので、それらの商品が売れ残り、処分セールとなったタイミングが狙い目となります。

　毎日の食料品の買い出しでスーパーを利用する人も多いと思います。買い物ついでに、自宅近くのスーパーではどんな品物がセールを行っているのか、またそのタイミングはいつなのかなどを確認しておくのもよいでしょう。

● 処分セール、ワゴンセールを狙う

◀ 食品から日用品、家電まで幅広い商品を揃えるスーパーも、仕入れの対象だ。

子ども向け商品の処分を狙う

　スーパーでは小学生を対象とした文房具(筆箱や鉛筆削り、絵の具セット、書道セット)、地球儀、鍵盤ハーモニカ、上履き入れ、入学セットなど、子ども向けの商品が狙い目です。地球儀は定価で仕入れても利益が出ることもあるので、セールでさらに安くなっていれば仕入れない手はありません。そのほか、ファミリー向け季節商品である浮き輪やゴムボート、プールバッグ、夏休みの自由研究キットといったものも利益が出やすい商品です。また、意外にもおもちゃも狙い目で、専門店より安売りしていることが多くあります。見た目を重視するからか、**少し箱が傷んだだけでも定期的にワゴンセールが行われています。**

● **地球儀はよく売れる鉄板商品**

◀ 地球儀をリサーチすると、タイミングにより定価でも利益が出るときがある。

 ## ファミリー向け家電やキッチン用品を狙う

　スーパーでは「ファミリー」「家庭用」がキーワードとなり、空気清浄機や加湿機のようなファミリー向け家電も狙い目です。また、**キッチン用品は棚を空けたがっているのと、メーカーとの協賛セールなどで普段から安く売られることが多く、**たとえば、ティファール鍋セット、京セラのセラミック包丁、お弁当箱関連商品(ドリンクボトルやマグボトル、フードジャー)などがあります。ちなみに、お弁当箱はキャラクターものの人気があり、検索すると高値の場合が多いので狙う価値ありです。お弁当箱に限らずキャラものの検索するクセを付けたほうがよいでしょう。

　キッチン用品ではサーモスやティファールなどが人気ですが、一方で知名度は低いのですが、パール金属や和平フレイズなどのキッチン用品メーカーの商品もAmazonではよく売れます。そのほか、燕三条製の高品質商品や、キャプテンスタッグ、Colleman(コールマン)のアウトドア商品も人気があります。

第4章 仕入れ先別 狙い目商品の探し方

Section 52

Keyword
キャラクター
事前リサーチ

100円ショップで狙いたい商品

100円ショップの商品も、意外ですが利益を出せる商品があります。オリジナルのコスメ商品や型落ち品などを狙いましょう。また、300円ショップのコラボ商品も人気が高く、オススメです。

意外と売れる！ 100円ショップの商品

ダイソーやキャンドゥ、セリアなどの100円ショップの商品も、Amazonで利益を出すことができます。「100円で買えるものをわざわざAmazonで買うのか?」と思われますが、住んでいる近くに100円ショップがない、とにかく買い物に行く時間がない、シリーズものをセットで買いたい、などの理由から、100円ショップの商品をネットで購入する人は意外と多くいます。そのニーズに応えるのがせどりの使命でもあります。中でも100円という安価な値段で手に入る**美容グッズ**はとくに人気です。また、**ダイソーであればオリジナル商品が狙い目**です。とくに入手ができなくなっている型落ち品となると人気が高く、高値で売りやすいのが特徴です。

100円ショップでの仕入れは、キャラクターものを狙うとよいでしょう。なお、商品の種類も多いので、どの商品が利益が出るのか、事前にある程度リサーチしてからお店へ行くことになります。

● 100円ショップの商品も Amazon では売れる

◀ 便利なだけでなく、デザイン性の高いものが多く売られている。

キャラクターものは鉄板商品

　100円ショップではディズニーやサンリオなどの人気キャラクターの文房具やポケットティッシュ、メイク落としなどが100円で売られています。これらの商品は、**キャラクターそのもののファンも取り込めており、人気があります**。お店で検索してみると、思わぬ利益が出せるお宝商品が見つかることがあります。

　また、100円ショップではありませんが、300円ショップの3COINSでも人気キャラクターのコラボ商品が発売されています。とくに、アニメ「ラブライブ!サンシャイン」とのコラボでは収納BOXやクリアボトルなど全10種類が発売されて人気商品となり、販売終了後にAmazonで高値で売れました。3COINSでは過去にほかにも「おそ松さん」や「ポケモン」、吉本興業、ももいろクローバーZなどともコラボをしており、今後もコラボ展開に要チェックです。ただし、購入個数を制限される場合もあるので注意してください。

事前に調べてから仕入れに行く

　100円ショップはすべての商品価格は均一となっており、セールや値引きはやっていません。そこで、100円ショップでの仕入れのポイントとしては、「**お店に行く前に下調べをしてから行く**」ことになります。100円ショップ商品でAmazonで売れるものは、100円で買ってお得感が出るコスメなどの消耗品、100円以上では買いたくないと思われる商品です。100円ショップ名をモノレートで検索すると、ヒントが見えてくるので試してみましょう。

● PSP用UMDゲームクリーニングキット（ダイソー）

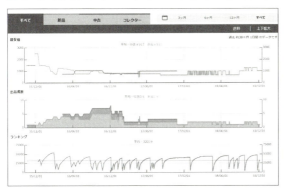

◀ ダイソーの300円商品だが650～2,500円でコンスタントに売れている。
URL http://mnrate.com/item/aid/B014ZGZY6Y

第4章 仕入れ先別 狙い目商品の探し方

Section 53

Keyword
コラボ商品
一番くじ

コンビニで狙いたい商品

コンビニで注目したいのは、食品メーカーとコンビニがコラボしたコンビニ限定品です。さらに、「一番くじ」を始めとしたキャラクターくじも人気があります。

 ## 立ち寄りついでに仕入れを行う

　コンビニは積極的に仕入れへ行く場所ではありません。しかし、街中にあるコンビニが仕入れ先となるケースもあります。ふと立ち寄ったときに商品を見てみると、意外にもAmazonで高値で売れる商品が多くあります。中でも狙い目なのは、**限定商品**です。有名ラーメン店などとコラボしたカップラーメン、また、お菓子メーカーとコラボしたコンビニ限定味などのほか、地域限定の商品もあります。そのほか、店の棚を空けたいがために**ワゴンセール**をやっていることもあります。よく探してみると、破格の商品もあり、これをAmazonに出せば利益を出すこともできます。また、**ハズレなしのキャラクターくじ**の景品も人気が高いので、コンビニに立ち寄ったらくじが行われているかどうか、確認しておきましょう。

　ランチを買いに出かけた際に、または、帰宅途中に立ち寄った際に、限定品やワゴンセール、キャラクターくじをチェックしてみてください。思わぬ掘り出し物、宝物をゲットできるかもしれません。

● コンビニで仕入れ？

◀ 限定商品やワゴンセール、キャラクターくじは利益が出やすい。

キャラクターくじを狙おう

　コンビニでは1回700円前後で、ハズレなしのキャラクターくじを引くことができます（時期や地域により実施していない場合もあり）。代表的なものにバンダイスピリッツの「一番くじ」があり、アニメやゲームキャラクターのフィギュアや雑貨、ファンシーキャラクターのぬいぐるみ、アイドルや邦画のグッズなどが景品となります。これらの景品は値段の割にはクオリティーが高く、欲しがるファンも多いので高値で売ることができます。一番くじにはA賞やB賞などがあり、さらにくじが最後の残り1枚になると、「ラストワン賞」というものがあります。このラストワン賞は希少価値が高く、ぜひとも狙いたい景品です。ラストワン賞狙いなら、店員さんに思い切って「ラストワンまでどれくらいですか？」と聞いてみるのもよいでしょう。

　「一番くじ」の景品がどれくらいの利益が見込めるかを調べるには、モノレートで「くじ名　〇賞（A賞、B賞など）」と入力するとリサーチできます。

● 一番くじ「A賞：チョッパー ビッグぬいぐるみ」

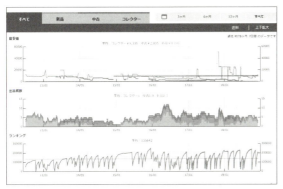

◀ 一番くじの景品ながら「ランキング」にギザギザを作る人気商品。

 https://mnrate.com/item/aid/B004G6Z3MY

Column 雑誌はNG！仕入れは控えよう

　コンビニ入口付近には雑誌が売られていますが、雑誌をせどり目的で仕入れるのはオススメできません。最近は豪華付録付きの雑誌が多く、利益が出せるようにも思えます。しかし、Amazonでは再販制度を理由に雑誌最新号の新品コンディションによる高値出品を禁止しています。雑誌を出品するなら、中古コンディションの「ほぼ新品」で定価による出品か、バックナンバーを高値で売ることになります。「高値で売れるだろう」という予測による仕入れは、初心者には成功しにくいです。結論からいうとやはり手を出さないほうが無難です。また、売れ筋のものは出版社も多めに刷っているため、品薄になりにくいです。そのため、ネットに出品しても利益が出にくいというのも1つの理由です。

第4章 仕入れ先別 狙い目商品の探し方

Section 54

Keyword
季節商品
デザイン変更

ドラッグストアで狙いたい商品

ドラッグストアはお店独自の商品展開をしているため、仕入れに使うお店は店舗規模を問いません。また、ドラックストアも家電量販店などと同様に、季節商品の処分品や型落ち品が狙い目となります。

ドラッグストアの規模は問わない

　ドラッグストアは小規模店から大規模店まで全国に多数あり、一般医薬品や化粧品、日用品、健康食品、お菓子、飲料、ペット用品、美容家電などを取り扱っています。仕入れにお店の規模は関係なく、**小規模店でも大規模店でもどちらでも問題ありません**。各店舗それぞれが扱っている商品を仕入れて、Amazonに出品しましょう。

　その中で**狙い目なのは、季節商品の処分セールと、美容家電などの型落ち品**となります。日焼け止めクリームや冷却シートなどの単価が安いものは、箱ごと仕入れましょう。店員さんにいえば、喜んで売ってくれます。また、店内を見渡せば、ワゴンセールや「○○％オフ」の大きな張り紙などがあり、違和感がわかりやすく、安売りをしているのもありがたいことです。

● ドラッグストアは全国いたるところに点在

◀ いまではコンビニのように、あらゆる場所に点在するようになった。

季節商品の処分セールを狙う

たとえば夏が終わると、日焼け止め関連商品やひんやりグッズ（冷却ジェルやシャツクールなど）、制汗剤などの季節商品が処分セールとして安く売られます。**Amazonでは、季節商品は通年売れます**。身体を温める「あったかグッズ」も同様、春先に仕入れて、Amazonで売ることが可能です。なお、日焼け止めは、SPF値（紫外線B波防御効果値）が中途半端なもの、たとえばSPF30などが高値になる傾向にあります。一般にはSPF50など数値が高い商品がよく売れますが、SPF30のような生産数の少ない商品は店頭にあまり並ばないので、Amazonで高値でも売れるのです。

古いパッケージデザインの化粧品を狙う

パッケージデザイン変更などで型落ちとなった商品もオススメです。こちらは、思い切って「**単価の高い化粧品**」を狙いましょう。ユーザーは、ファンデーションやリップなどを購入する際、外で使うときの他人の視線も考えて、パケ買い（パッケージデザインなどを決め手に購入すること）することがあり、商品の中身や質はほぼ同等なのに古いパッケージの化粧品は売れ残ります。しかし、Amazonでは古いパッケージは希少性で高値でも売れるのです。パッケージが新しいかどうかわからない場合は、店員さんに聞いてみましょう。また、あなたが男性の場合、化粧品を買いに行くのには勇気がいると思います。そんなときは家族、恋人、女友達についてきてもらってはどうでしょうか。

そのほか、シャンプーとコンディショナーのセット商品をおすすめします。これは透明なプラスチック製の箱に入っていることが多く、出品しやすい商品です。

● ワゴンセールをチェック

◀ 処分品はワゴンセールにまとめられているので、全頭検索してみよう。

第4章 仕入れ先別 狙い目商品の探し方

Section 55

フィギュアショップで狙いたい商品

Keyword
フュギュア
JANコード

フィギュアも利益が出しやすい商品です。専門のフィギュアショップやアニメショップで利益が出るものを探して仕入れましょう。目利きができないなら、全頭検索をすれば問題ありません。

信頼できるお店で新品を狙う

アニメキャラクターなどのフィギュアは、ある一定のファンには根強い人気を誇っています。取り扱うお店は、専門のフィギュアショップやアニメショップとなり、店舗数は少なめです。仕入れで利用するなら、**アニメイトやコトブキヤ、らしんばん**といった信頼できるお店がよいでしょう。これらのお店では、売られているフィギュアが**「開封品」か「未開封品」かしっかり明記されて売られているのがよい**点です。

フィギュアは見た目ではどれが高値で売れるのかわかりにくく、また、その時どきにより値動きの変化が多いジャンルです。美品・新発売の商品だからといって高く売れるわけではありません。基本的にフィギュアは趣味の世界なので、よほどの知識をもち、目利きではない人は、**最初は新品を仕入れとして狙いましょう**。コンディション選択や商品説明、モノレートの読み方など難易度は上がりますが、慣れてきたら中古品に挑戦するのもよいでしょう。また、限定品は高値で売れる可能性大です。

仕入れ前には、タバコ臭くないか確認したいものです。もとの持ち主が喫煙者だった場合、部屋に飾っていたときにタバコの臭いが染み付いている場合があります。さらに、購入者は、箱ごと飾ることもあるので、箱のダメージなどにも気を配り確認しておきましょう。

● 信頼できるお店で仕入れる

◀ 「未開封品」などがしっかり明記されているお店での仕入れがオススメ。

JANコードを使い検索する

　フィギュアショップでの仕入れは、**全頭検索が前提**となります。特徴的なのはJANコードの有無により、検索方法が異なることです。コトブキヤや海洋堂、バンダイといったメーカーの商品には、JANコードのある商品があります。JANコードがあればモノレートでJANコードを入力して、検索して仕入れるべきかどうか判断することができます。

 ## JANコードがないフィギュアを検索する

　コンビニの一番くじ（P.125参照）やクレーンゲームの景品など一般には販売されていないフィギュアには、JANコードがありません。JANコードがない商品を検索するには、モノレートやせどりアプリで、「フィギュア　キャラ名（ワンピース）　○賞（A賞、B賞など）」と入力して検索するとリサーチができるので、しっかり調べたうえで仕入れをしましょう。

　さらに、**JANコードがない商品は高値で売れるものが残っている可能性が高い**です。モノレートでキーワード検索をして商品を探し、写真などがあれば写真と実物を見比べて、いかに商品データを早く見つけられるかどうかがカギとなります。少々手間ではありますが、高値で売れる商品を狙いましょう。

● JAN コードがない商品

▲ JAN コードがない一番くじやクレーンゲームの景品も Amazon で販売でき、しっかり利益を出すことが可能。
URL https://www.amazon.co.jp/exec/obidos/ASIN/B00ESHN7LA

第4章 仕入れ先別 狙い目商品の探し方

Section 56

リサイクルショップで狙いたい商品

Keyword
新古品
動作確認

リサイクルショップもオススメの仕入れ先です。新商品が中心のお店にはない希少価値の高い掘り出し物が狙い目です。入手しづらい記録メディアや新古品はお宝商品の可能性があります。

「中古で買い、中古で売る」が原則

　Amazonの規約により、リサイクルショップやネットオークション（Sec.60参照）、フリーマーケット（Sec.58参照）などで仕入れた商品はすべて「中古」コンディションでの出品となります。たとえ未開封で新品と変わらない美品であったとしても、「新品」としての出品は厳禁です。未開封の商品であれば、「中古－ほぼ新品」での出品が妥当です。また、中古としての出品は、新品での出品よりも多少手間がかかります（Sec.25参照）。しかし、その分ライバルも少なく、また、現在ではなかなか入手することができないような珍しい商品などは大きな利益をあげることができるので、慣れてきたらぜひ挑戦してみましょう。そして、その仕入れ先としてリサイクルショップを検討しましょう。

● リサイクルショップで中古品仕入れ

◀ Amazonへの出品は、中古のコンディションとなる。

古い商品から新品未使用品まで

　リサイクルショップ仕入れで高値で売れやすい商品は、入手しづらいビデオデッキなどの**古い家電や、MD、ビデオテープ、カセットテープといった記録メディア**などです。どんなに画質がよくなろうと、大量に録画ができようと、ビデオデッキ所有者の中にはいまだ現役で利用している人もおり、ビデオテープを求めています。それらは今では家電量販店などではなかなか売られておらず、そうすると多少高くともAmazonで購入することとなるのです。

　また、新古品と呼ばれる未使用のスマートフォンケースや懐中電灯、プリンター用インク、パソコン消耗品などは、きれいなものであれば、中古でも「ほぼ新品」として出品することが可能です。その際、出品時にはコンディション説明欄に「新品未使用」としっかり記入しましょう。ほかにも、ゲーム機のジャンク品を集めて本体、コントローラ、アダプタをセットにして販売する出品者もいます。

動作確認はしっかりしておく

　仕入れる商品は、動作確認がしにくいものは避けたほうがよいでしょう。その機械を初めて使ってもかんたんに動作確認ができるものが理想的です。また、信頼できるお店（ハードオフ、オフハウス、トレジャーファクトリー、セカンドストリートなど）では、買取時などに動作確認をしっかりと行っています。そのようなお店では、返品保証を受け付けているところもあり、万が一、購入者からクレームが入った場合も心強いです。

● トレファクの中古家電保証

◀ トレジャーファクトリーのWebサイトには、動作保証について明記されている。
URL https://www.treasure-f.com/service/guarantee.html

第4章 仕入れ先別 狙い目商品の探し方

Section **57**

Keyword
セット本
限定品

古本屋で狙いたい商品

Amazonでは古本の連続する号数を集めたセット本がよく売れます。セット本は自分で作ると、利益率も高く、オススメです、また、CDやDVDの限定品なども、高値で売ることができます。

コンディションよりも作品を重視

　ブックオフや古本市場など大手チェーンの古本屋には、本だけでなくCDやDVD、ゲーム機、ゲームソフトなどの中古品が販売されています。かつては「せどり」の代名詞ともいえる古本仕入れですが、**ある程度目利きが必要なため、知識のない初心者には不向き**です。しかし、**全頭検索を行うことで、利益を出せる仕入れが可能**となります。

　本のほとんどは、よほどのベストセラーやロングセラーでなければ、再版はされません。しかし、本にはたとえ求める人が少なくても「あの本を読みたい」という人がいます。本を探している人は、古くても、本のコンディションが悪くても、「読みたい」というその理由だけで購入されるので、出品コンディションが「中古-可」であれば、大抵の場合はクレームが発生することなく売ることができます。

● 大手チェーン系の古本屋

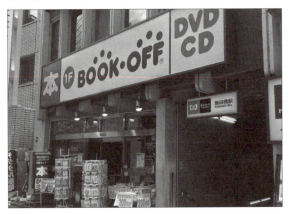

◀ 多少コンディションが悪くても、売れるのが古本。

自らの手でセット本を作る

　古本の中で人気があるのが、**1巻〜10巻などをセットで販売するセット本**です。古本屋でも販売されてますが、利益を狙うなら100円コーナーのバラを買い揃え、自分でセット本を作成しましょう。ただ、目当ての本を探すこと自体が至難の技です。時間がかかる根気のいる作業ですが、利益率は高いので挑戦してみてください。なお、100円コーナーで仕入れたセット本がどうしても1冊だけ抜けているときは、300円コーナーを探したり、他店で調達したりするとよいでしょう。しかし、ここで注意したいのが、その抜けている本は、実は発行部数が少ないなどの理由により高値でしか入手ができないこともあるので、事前にリサーチはしておきましょう。さらに、号数が最終巻に近付くにつれ、価格が上がる傾向もあるので、その点もしっかりと踏まえる必要があります。

CDやDVDは限定品を狙う

　大手チェーンの古本屋には、古本以外にもCDやDVD、ゲーム機、ゲームソフトの中古販売も行っています。ただやはり、ここでも目利きができないのであれば全頭検索が必要になります。基本的には**CDやDVDでは初回生産のみなどの限定品を狙うとよい**でしょう。また、店頭で「箱が大きい」といった違和感を見つけたら、もしかしたらそれは限定品の可能性があります。このように希少価値が高いのを狙うのが基本となります。

● 星野源「くだらないの中に」（初回限定盤）（DVD付）

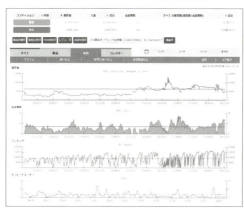

◀ 定価は1,944円だが中古価格がピーク時で128,000円となったCD。平均価格でも63,882円となっている。

URL https://mnrate.com/item/aid/B004GN9AKI

第4章 仕入れ先別 狙い目商品の探し方

Section 58 フリーマーケットで狙いたい商品

Keyword
中古出品
価格交渉

休日開催が多いフリーマーケットは、未使用の美品や値段設定が甘いなど、おいしい仕入れ先です。しかし性質上、大量に仕入れたり買い占めたりしないよう、節度を守って楽しく参加しましょう。

全国各地のフリマも仕入れ先になる

　毎週末全国各地で開催されている**フリーマーケット（フリマ）**も仕入れ先になります。フリマの開催情報は、「フリマガイド」（https://fmfm.jp/）というWebサイトで場所やスケジュール、出店舗数などを確認することができます。

　フリマでの仕入れの特徴は、とにかく安く仕入れられることです。とくに狙い目は、普通の主婦が一般家庭の処分品を出しているようなお店です。お子さん連れのお店でしたら、ほぼ一般の出店者と見てもよいでしょう。

　しかし、中にはリサイクルショップ店などプロの業者による出店もあります。本来、業者の出店は禁止されているフリマが多いのですが、一定数の出店があります。プロは価格設定も高めのため、買ってしまうと損をする可能性があるので注意しましょう。

　フリマは本来、不用品を本当に必要としている人に買ってもらうことを目的としたイベントです。主催者・出店者側からすると、フリマの商品が転売されることは想定していません。いくら安くて「おいしい」と思っても、全部買い占めるようなことはやめましょう。フリマの場の雰囲気を読み、節度を持って楽しく仕入れをしましょう。

● フリマガイド

◀ 地域や開催日などを絞り込みフリーマーケットの開催情報が確認できる。
URL https://fmfm.jp/

フリマで狙いたい商品

　フリマでは、忘年会やビンゴ大会の景品、いただきもの、ベビー用品（未使用食器セット）、家電、本（子ども向けの本は高値になりやすい）、かるたなど、新品未使用を狙いましょう。目利きに自信があればトレーディングカードやフィギュアも仕入れ可能です。ただし、これらフリマで仕入れた商品は、Amazonの規約によりすべて「中古」での出品となります。

　逆に手を出さないほうがいいものは服です。服の出品はAmazonではサイズによる登録などがあり、初心者には面倒なのでオススメしません。また、フリマに出される子どものおもちゃは、実際に使われていたということもあるため、欠品・欠陥品が多いです。新品未使用でない限り、仕入れリストから外しておきましょう。

● 子ども向けのかるた

◀ フリマで入手しやすい子ども向けかるたは、Amazonでも売れやすい。
URL https://www.amazon.co.jp/dp/4591073904/

 ## フリマならではの交渉でさらに安く

　フリマのメリットは、出品者と直接、価格交渉などができることです。まずは落としたい値引き額を想定し、その倍で交渉します。相手はこちらの言い値からどんどん上げてくるので、お互いの希望が合った時点で交渉成立となります。フリマはこのようなコミュニケーションも楽しみの1つです。また、攻略法の1つとして、早めの時間に行くという方法もあります。東京・味の素スタジアムで開催されるフリマでは、1,000円を支払えば、開場2時間前から入場できるという「アーリー入場」というチケットを用意しています。ほかのお客さんよりも先に利益が出る商品を検索するチャンスです。なお、先行入場のあるフリマはほかにもたくさんあるので探してみてください。

第4章 仕入れ先別　狙い目商品の探し方

Section 59

電脳せどりも店舗せどりと同じように考えよう

Keyword
- 電脳せどり
- 全頭検索

電脳せどりは日本全国にライバルがいるため、普通にやっているだけではなかなか利益を出すことができません。検索するキーワードを工夫したり地道に全頭検索したりすることが必須です。

電脳せどりは稼ぎづらい？

　電脳せどりは全国どこにいてもでき、スキマ時間を活用できるなど時間を気にせずできるというメリットがあり、サラリーマンや主婦を中心に人気があります。しかし、**日本中の全電脳せどり実践者がライバルである**という点も忘れてはいけません。電脳せどりをしている人が、すべて同じネットショップで同じセール品を仕入れたとします。それを一斉にAmazonに出品する……と考えると、とにかくライバルが多いことを実感できるはずです。**価格競争に巻き込まれる可能性も高く、正直なところ、利益率は低いのが現実**です。

　その点、店舗せどりは、自分の行動範囲内の実店舗から仕入れるため、ライバルが入手できない商品もたくさん仕入れることができます。ですから、利益を出しやすいのです。ただ、電脳せどりでも実際に、利益を出している人も多数存在します。では、どのようにして利益を出しているのでしょうか。

● 店舗せどり

近くのお店

● 電脳せどり

ネットショップ

▲ 店舗せどりではそのお店に行ける人しか仕入れることができないが、電脳せどりでは、日本全国どこにいても仕入れができてしまうことがデメリットとなってしまう。

「電脳せどり」で利益を出す方法

電脳せどりで利益を出す方法は、①よいネットショップを見つけること、②商品をすべて地道に全頭検索をすること、の2つです。①のよいネットショップとは、利益が出せ、かつ信用できるお店をいいます。1つでもよいお店を見つけておけば、後々ラクになるので、がんばって探しましょう。また、電脳せどりはとにかく②の地道な全頭検索につきます。ネットショップの商品をひたすらコツコツ検索するのです。このように地道にコツコツと作業をしている人が、電脳せどりで稼げています。初めのころは1ヶ月の利益が数千円だったという人もいます。最初はそれくらいの苦労と覚悟が必要ですが、コツコツとやっていれば必ず大きな利益につながります。

● 電脳せどり、成功の条件

▲ よいショップさえ見つけることができれば、あとは地道な全頭検索で利益を出していくことができる。

「店舗せどり」も「電脳せどり」も楽ではない

店舗せどりも電脳せどりも、どちらも楽に稼ぐことはできません。店舗せどりはお店に行きセール品を探して利益が出るか調べます。セール品や違和感がなかったら、ひたすら全頭検索です。店舗に行く時間や交通費も必要であり、仕入れた商品は自分では運ぶ必要もあります。一方の電脳せどりはスマートフォンやパソコンがあれば手軽に仕入れはできますが、ライバルが多く、地道な全頭検索が求められます。

どちらかを選ぶのであれば、店舗せどりは、「ウィンドウショッピングが好き」「遠出も好き」「とにかくお店が好き」という人に向いています。一方の電脳せどりは「お店に行く時間がない」「趣味の商品を常にネットでチェックしている」「ネットサーフィンが好き」という人向けです。以上を参考に、あなたの都合や性格にあった「せどり」を選びましょう。

第4章 仕入れ先別 狙い目商品の探し方

Section
60

Keyword
メルカリ
ヤフオク!

「メルカリ」「ヤフオク!」で狙いたい商品

「メルカリ」「ヤフオク!」は一般ユーザーの出品が多く、値付けが甘いのが特徴です。過去に利益を出した商品、店舗せどりで見つけた利益が出る商品を狙いましょう。

販売は「中古」になる

　「メルカリ」や「ヤフオク!」などのネットオークションからも、商品の仕入れが可能です。これらのサービスにはせどりとして出品している業者もいますが、一般ユーザーによる出品が多いのが特徴です。一般ユーザーは「部屋の片付けや引っ越しなどで出た不用品を捨てるくらいだったら少しでもお金にしたい」「どうしても緊急にお金が必要になってしまったので、趣味のものを売ってお金にしたい」などの理由で出品していることもあり、**値段設定が甘い場合がよく見られます**。そのような出品を狙うことで、格安で「未開封品」や「未使用品」などの美品を仕入れることができます。

　なお、**「メルカリ」や「ヤフオク!」で仕入れた商品はAmazonでは規約により「中古」のコンディションによる出品となる**ので、注意が必要です。ほとんど新品と変わらないような商品であれば、「中古品-ほぼ新品」で出品しましょう。

● Amazon には「中古」で出品

◀ 未開封品、未使用品などの商品は「中古品-ほぼ新品」で出品する。

「メルカリ」「ヤフオク!」で狙う商品

　「メルカリ」や「ヤフオク!」は出品数が多く、どのジャンルや商品に注目すればよいのか迷ってしまいます。そこでまずは、**Amazonで自分が過去に売って利益が出た商品を狙う作戦**をオススメします。

　初心者は店舗せどりと同様、家電やおもちゃ、フィギュア、ゲーム関連などのジャンルを中心に狙うようにします。これらのジャンルはAmazonで利益が出やすいジャンルなので安心して狙えます。ジャンルを絞ったら商品を全頭検索していきます。そして、同じ商品でも明らかにほかの出品者より安値の出品に狙いを定めます。最後に、モノレートでAmazonの最安値などの最新の状況を確認し、高く売れて利益が出そうな商品を絞り込んでいきましょう。

　1つの商品を探り当てたら、それに似たような商品を検索するのもオススメです。「利益が出た商品」からさらにお宝を探し出してください。「利益が出た商品」はそのつどメモして記録しておきましょう。

　また、**店舗せどりで見つけた利益が出る商品**が、「メルカリ」や「ヤフオク!」に出品されていないかどうかも探してみるとよいでしょう。思わぬ値段で出されていることも結構あります。

● 「メルカリ」「ヤフオク！」で狙う商品

▲ このような商品を狙うことで、利益をさらに出すことができる。変な冒険せず、手固く仕入れよう。

第4章 仕入れ先別 狙い目商品の探し方

Section 61

ネットショップで狙いたい商品
～公式オンラインストアの限定品

Keyword
公式オンラインストア
ネット限定品

ネットオークション以外にも、仕入れとして使えるのが「公式オンラインストア」です。とくに期間や個数の限定品を狙うことで、大きな利益を出すことができます。

 公式オンラインストアの限定品を狙う

　ブランドやメーカーが運営する公式オンラインストアでは、実店舗で販売されている商品だけでなく、「**公式オンラインストア限定で販売されている商品**」も多数あります。ただ、そのような限定品は通年では販売されておらず、販売期間や個数が限定されているものがほとんどで、そのため、販売終了後に人気となるものが多くあるのです。そのような商品を狙って仕入れることで、利益を出すことが可能です。

　しかし、この仕入れ方法は「今後、人気が出て高値で売れるだろう」という予測による仕入れとなるため、確実なものではありません。「どのようなものが売れる傾向があるのか」などの分析が必要となります。つまり、特定の商品やオンラインストアありきの探し方では、継続して仕入れを続けるのは難しいと考えたほうがよいでしょう。

　それでは、どのようにして高値で売れそうな商品を予測すればよいのでしょうか？まずは自分の**好きなものや趣味から公式オンラインストアの限定品がないか探してみましょう**。これをAmazonでどんな値動きをしているのか観察します。さらに、販売時の値段と、出品されているものの値段を比較してみましょう。もしかしたら思わぬ利益の出る商品があるかもしれません。このようにして、趣味のものや得意なものをきっかけに、高値で売れる商品の規則性を見つけていきます。なお、利益が出そうな商品としては、もともとの製造数が少ないもの（「限定●個」などのコピーがあるもの）やキャラクターもの、コラボ商品となっています。

過去に高値で売れた例を見る

それでは、過去に高値で売れた商品例を紹介します。すでに公式オンラインストアでは入手できない商品なので、あくまでも参考例としてください。例を見て、「どんな商品が売れるのか」傾向をつかんでおけば、商品を探す際も効率よく探すことができるでしょう。

● 高値で売れたもの（おもちゃ・ゲーム関連）

メーカー	公式オンラインストア名	商品名
バンダイ	プレミアムバンダイ (https://p-bandai.jp/)	アルティメットルミナスプレミアム ウルトラマン R/B（フィギュア）
任天堂	My Nintendo Store (https://store.nintendo.co.jp/)	New Nintendo 2DS LL HYLIAN SHIELD EDITION（ゲーム機）

　また、公式オンラインストアでも、お店でも購入できる限定品もあります。たとえばCASIOの腕時計G-SHOCKの公式オンラインストア（https://g-shock.jp/）では、G-SHOCK誕生35周年モデル「GWF-D1035B-1JR」（現在は生産終了）が13万5,000円で販売されていましたが、記事執筆時点で、Amazonでは23万円で売られています。さらに、人気コスメブランドのエスティーローダー（https://www.esteelauder.jp/）では、毎年クリスマスシーズンになるとスキンケア用品からメイクアップ用品まで入っている「メークアップコレクション」というセット商品をお店と公式オンラインストアで発売していますが、こちらも大きな利益が出た商品です。ただ、これはほんの一例で、高値で売れる場合のヒントです。あくまでも、商品やサイトありきで考えないようにしましょう。**一参考例としておさえて自分流にアレンジすることが大切**です。

● G-SHOCK 公式オンラインストア　　● Amazon

▲ 自分の趣味や興味の対象から芋づる式に、商品を見つけていこう。

第4章 仕入れ先別 狙い目商品の探し方

Section 62

ネットショップで狙いたい商品～食品

Keyword
食品電脳せどり
楽天市場

食品をネットで仕入れてAmazonで売る「食品電脳せどり」でも、利益を出すことができます。狙いを定め、製造元のオンラインショップや楽天市場などから仕入れをしましょう。

食品電脳せどりとは？

　ネットで食品を仕入れてAmazonで売る「食品電脳せどり」という方法があります。食品は単価が低めですが、何度も回転させて利益を出すというやり方です。一度よい仕入れ先を見つけるとリピートできるメリットがありますが、ライバルが出現したら使えなくなってしまうというデメリットをはらんでいます。

　利益が出る食品の条件は、**Amazon本体が出品しておらず、ライバルの自己発送の配送料が高い**ことです。探し方は、Amazonで味や原材料名、地域などに関するキーワードを入力して地道に検索します。商品を見つけたらAmazon本体が出品してないか、自己発送で送料高めのライバルがいるかを確認する、という流れです。根気強くリサーチして商品を見つけたら、それを楽天市場やその食品の製造元のネットショップなどで1ダース単位など大量に仕入れて、価格差を出します。たとえば、楽天市場には送料が700円くらいの食品があるので、そのぶんを加味して、いかに安く仕入れられるかが重要となります。Amazonの場合はFBA倉庫に送ってさえしまえば購入者へは無料で送れるので、その部分で利益をあげていくこととなります。

 Column　常に50～100ほどの商品を確保しておく

「食品電脳せどり」は、どの商品でどれだけの利益が出るのかという「売るものリスト」をいかにたくさん作るかが仕事です。安く仕入れられ、リピートできる商品を50から100ほど探し出して確保するようにしてください。突然のライバル出現にも、リピートできるほかの商品をを販売することで全体として安定した利益を出していくイメージです。なくなったらリピート商品を注文していきます。リピートできる商品を探すのは大変ですが、「食品電脳せどり」は、軌道に乗ればある程度、安定した収入が見込める手法です。

食品電脳せどりの例を確認する

　それでは、「あきんどスシロー甘だれ 150ml」を例に解説します。価格差の出る商品の探し方や狙い方の参考にしてください。Amazonには、FBAで3人の出品者が出品しており、その最安値は758円です。また、1名が自己発送で出品しており、945円（297円+配送料648円）となっています。

● Amazon

◀ FBA出品の最安値が758円。

　製造元の大醤株式会社のオンラインショップには、307円で売られていますが、配送料が648円です（4,000円以上購入の場合、配送料は無料。本商品の場合、14本以上の購入となる）。また、楽天でも売られており、こちらは送料無料で12本3,681円、つまり1本あたり306円となっています。Amzonでは758円が最安値なので、オンラインショップや楽天市場の購入で「利益が出る」と判断できます。また、モノレートはギザギザしているので、安定して売れているのがわかります。つまり、**安い仕入れ先を見つけられれば、あとは出品するだけで、黙っていても売れる商品である**ことがわかります。

● 製造元のオンラインショップ　　● 楽天市場

▲ ともに12本まとめて買う場合、1本あたりの値段は製造元のオンラインショップでは307円、楽天市場では約306円とほぼ同額。

COLUMN

バーコードリーダー×イヤホンを使った応用仕入れ術

これからせどりを始める方は、道具は不要、アプリも無料のものでも十分です。まずはお店に行って検索しましょう。具体的にはこうします。持ち物はせどり用のアプリがインストールされたスマートフォン1つ。お店の中では商品のバーコードをスマホのカメラで読み取ります。そこからモノレートを見て仕入れ判断をしていくという流れです。

一方プロのフジップリンスタイルはこうです。スマホはストラップをつけて首からさげています。左耳には小さなBluetoothイヤホン、右手にはバーコードリーダー（赤い光を出すことから通称ビームと呼ばれる）。あらかじめBluetoothでイヤホンとビームをスマホに接続しておきます。ビームは小さいので手のひらに収まり、店内を手ぶらで歩いているような格好になります。

お店の中では、ビームでバーコードを読み取ります。読み取ったJANコードはビームからスマホのせどりアプリへBluetoothで送られます。使っている有料アプリ「せどりすとプレミアム」には音声読み上げ機能がついていて、「その商品がAmazonで売れた場合の手数料を引いた金額」を音声で読み上げてくれます。その音声を左耳のイヤホンに飛ばすことで、聞きながら仕入れ判断をしています。商品の値札と比べて、検索結果が安ければスマホの画面は見ることもせず、次の商品の検索を続けます。検索結果が高くて、利益が出る可能性を感じたときだけスマホでモノレートを開いて判断します。耳で聞いて仕入れ判断するメリットは3つあります。

1. スマホの画面を毎回見なくて済むので快適
2. カメラで検索するより圧倒的に早い
3. 店員さんやほかのお客さんから見ても不自然でないのでストレスが少ない

これを体感してしまうともとには戻れなくなるくらい快適です。なお、筆者が使用しているビームはKDC200iとKDC200iM、BluetoothイヤホンはBUFFALO製BSHSBE32BKです。また、「せどりすとプレミアム」の月額料金は初月10,800円、2ヶ月目以降は5,400円となります。

第5章
販売率を上げるための出品テクニック

Section 63	【Amazon編】適正な価格の付け方
Section 64	【Amazon編】価格改定するときの考え方
Section 65	【Amazon編】売れないときの対処法
Section 66	【Amazon編】商品状態を書いてトラブル回避
Section 67	【Amazon編】購入されやすいコンディション欄の書き方
Section 68	【Amazon編】商品の質問の問い合せが来たら、迅速に対応しよう
Section 69	【Amazon編】外部発注で作業を効率化しよう
Section 70	【メルカリ編】プロフィールで一般ユーザー感を出そう
Section 71	【メルカリ編】「商品の説明」はとにかく重要
Section 72	【メルカリ編】注目されるトップ写真の見せ方
Section 73	【メルカリ編】写真は必ず商品状態がわかるように
Section 74	【メルカリ編】そのほかのメルカリ販売テクニック
COLUMN	せどりは、長期的な視点で取り組むことが重要

第5章 販売率を上げるための出品テクニック

Section 63

Keyword
適正価格
ライバル

【Amazon編】適正な価格の付け方

Amazonに出品する商品の価格は悩みどころです。ここでは、カート価格が極端に安い場合、ライバルが多くて売れない場合、Amazon本体がライバルの場合の適正価格の付け方を解説します。

カート価格が極端に安いときの値付け

　Amazonではカートを獲ることが最優先となります。つまり、価格はFBA最安値で設定するのが基本原則です（P.45参照）。しかし、場合によっては、FBA最安値以外の値付けをする必要があることがあります。たとえば、FBA最安値に比べて極端にカート価格が安い場合、いくらが適正価格かわかりません。この場合は**ライバルの在庫数を見て、わずかしかないとわかったら、売り切れるのを待ちます**。逆に、**在庫がたっぷりあるとわかれば、値下げをして早く売り、現金化してしまいましょう**。資金的に余裕があれば、カート価格（FBA最安値）にして待つのも手です。

　なお、ライバルの在庫を知るには、商品をカートに入れて注文数を「100個」と入れると「この出品者の在庫は○○個です」と表示されるのでわかります。また、ライバルの在庫数がわかる無料のGoogle Chrome拡張機能「モノサーチ」（https://chrome.google.com/webstore/detail/monosearch-resale-check-s/eadklkgmejdhldgchbmegmljdkchcdbd?hl=ja）でも見ることができます。

● ツールで在庫数を確認

◀ Google Chrome 拡張機能「モノサーチ」を利用すると、何点出品しているのかがひと目でわかる。

146

ライバルが多く売れないときの値付け

ライバルが多過ぎて売れないときは、**そのまま待ちます**。1円ずつ小刻みに下げる人がいますが、価格が徐々に下落し、相場が暴落してしまうので絶対にやってはいけません。ライバルと同時に自分の首を絞めることにもなり、共倒れになってしまいます。

● ライバルが多いときは小刻みに値下げしない

 ## Amazon本体がライバルのときの値付け

Amazon本体がライバルの場合は、50円や500円下げるだけでも、自分の出品商品が売れていきます。しかし、問題はその値下げにAmazon本体が追随してくるときで、この場合、絶対に勝てませんので戦ってはいけません。**Amazon本体が追いかけてくるときは、Amazon本体の価格に合わせるのがベストな対応**です。

価格を下げてAmazon本体がついてきたとき、逆に価格を上げてみると、Amazon本体も合わせて上げてくることがあります。ですので、その場合は価格を上げて様子を見るようにしましょう。

🅨 Column 高値を付けても売れるケースとは

Amazon内ではさまざまな商品が安く売られており、1万円の商品が5,000円で売られていることがあります。そのような商品も時間が経過し、出品者が少なくなると1万円に上がり、さらに出品者がいなくなると1万5,000円に上がる場合があります。出品時にはライバルも多くてリーズナブルな価格です。そこからAmazon本体がいなくなり、ライバルも少なくなっていくころには希少価値で値段は上っていきます。高値になっても需要はありライバルも少ないので、あとは高利益の状態で売れるのを待つだけとなります。

第5章 販売率を上げるための出品テクニック

Section 64

Keyword
プライスター
マカド！

【Amazon編】価格改定するときの考え方

価格は常に変動しています。知らないうちにライバルたちとの価格差が生じ、自分だけが損をしてしまうということにならぬよう、毎日チェックを行いましょう。

 ## 価格は毎日確認する

　自分が**出品した商品の価格は毎日チェック**するようにしてください。なぜ毎日確認が必要かというと、それは、価格が常に変動しているからです。最低でも毎日1回確認することにより、損をするリスクは格段に下がります。それなりの手間となりますが、まずは自分の目でしっかりと確認する習慣をつけましょう。

　具体的には、**出品商品を1個ずつきちんと見て、ほかの出品者の価格も確認**します。そして、必要であれば、値下げをしましょう。また、FBA最安値になっているかも確認し、カートが獲れるように値段を付けましょう。

　なお、Amazonで商品が動く（売れる）のは夜8時から午前1時ぐらいまで、とくによく売れるのは夜10時台です。このよく売れる時間帯に価格確認を、また、場合によっては価格改定をしましょう。

● 価格の動きを毎日チェックする

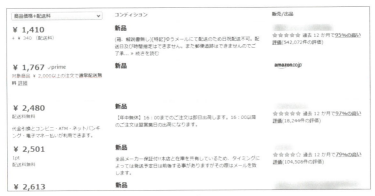

▲ 最低でも1日1回、出品した商品の値動きを確認する。

価格改定ツールを利用する

せどりを始めたばかりであれば、確認は一つひとつ手動で行います。しかし、月商50万円稼げるようになったら、「**価格改定ツール**」を使うことをオススメします。そのころには商品数も多くなって、手動で確認作業するのが現実的に難しくなってくるからです。作業の効率化は必須となります。

価格改定ツールとは、月額約5,000円で利用できる出品価格を自動的に最適化してくれるWebツールのことです。代表的なものに、老舗の「プライスター」と、後発の「マカド!」があります。どちらも、基本的にできることは同じです。それぞれ24時間365日、自動で価格を設定でき、また、出品者の都合や販売戦略により、時間の設定を変えることができます。あえて違いを挙げるとするならば、「プライスター」は「せどりすとプレミアム」(「せどりすと」の有料版)と連携ができ、「マカド!」はヤフオク!や楽天市場などのページに直接飛ぶことができるという点です。具体的には**FBA最安値を設定してくれるほか、これ以上、下げたくない価格を設定できたり、「いくらで出したらよいか」がわかるしくみ**になっています。ともに「30日間の無料体験期間」を設けているので、一度試してみるのもよいでしょう。

● プライスター

◀赤字ストッパーで価格の下がり過ぎを防いでくれる。「せどりすとプレミアム」と連携が可能。
URL https://pricetar.com

● マカド!

◀最速5分間隔の自動価格設定。「暴落リミッター」で価格を防御してくれる。自動価格設定は、自分だけの設定にカスタマイズが可能。
URL https://makad.pw/

第5章 販売率を上げるための出品テクニック

第5章 販売率を上げるための出品テクニック

Section 65

【Amazon編】売れないときの対処法

Keyword
値下げしない
返送/破棄

売れない原因は、①ライバルが非常に多い、②販売価格が高い、③もともと売れ行きが悪い、の3パターンです。ここでは各パターンの対処法と、それでも売れない場合の対策について解説します。

「ライバルが非常に多い」場合の対処法

売れない原因でもっとも多いのが、①**ライバルが非常に多い**というケースです。売れないときは、まずは出品者が増えていないかを確認しましょう。2、3人しか出品していないはずだったのが、急に20人、30人と増えていると、自分にカートが回ってくるのが遅くなり、それが原因で売れないということがあります。この場合は、**値段を下げてはいけません**。ここで1円、10円下げただけでは、ライバルが同じことを繰り返し、価格が暴落するだけです。カートを5,000円で獲っていた場合、ライバルたちが4,990円、4,999円と仕掛けてきます。この状況だと、自ら下げなくても、5,000円前後の値段でカートが回ってくるため、下げても意味はありません。

そこで**「待つか」、あるいは、「すぐ売り切るか」方針を決めます**。しかし、実際は「待つ」が基本です。「待つ」判断をしたなら、価格は絶対に下げないでください。もし下げてもカート価格ぐらいまでにとどめておきましょう。「待つ」ことが難しいようでしたら、10%下げて早く売り切り、現金に変えてしまいましょう。これが、ライバルが多いときの対処法です。

● ライバルが増えた場合

価格競争に乗らないぞ
出品価格 5,000円
値下げはせずに、待つ

→

もう無理だ。現金化して次に切り替えよう！
出品価格 4,500円
難しければ10%下げて売り切る

▲ 基本は「待つ」ことだが、それでも売れない場合は必ず売り切るよう10%以上値下げをして現金化しよう。

「もともと売れ行きが悪い」場合の対処法

ライバルが多いわけではないのに売れていないときは、②販売価格が高いか、または、③もともと売れ行きが悪い商品か、のどちらかだと考えられます。

②**販売価格が高い**というのは、FBA最安値と比べてみるとわかるので、適宜価格を変更することで解決します。③**もともと売れ行きが悪い**場合は、まずはモノレートで期間を「長期」にして確認してみましょう。価格を下げても売れないことがわかった場合は待つしかありません。過去に下げて販売したデータがない場合は、価格を下げることで売れる場合もあります。どこまで価格を下げるかは楽天やYahoo!ショッピングなどほかのネットショップの販売価格を参考にしてもよいでしょう。

どうしても売れない商品は、返送か廃棄をする

FBA出品にすると、Amazonの倉庫の保管料がかかります。何日も何カ月も売れない商品に保管料を払うのはもったいないです。**「将来的にも売れない」と判断をしたならば、返送、廃棄（所有権の放棄）をしたほうがよい**でしょう。Amazonでは、返送するより廃棄したほうが安いです（下記表参照）。また、Amazonのルールでは6カ月以上保管していると、別途、長期在庫保管手数料が発生します（https://sellercentral.amazon.co.jp/gp/help/external/200684750）。**ライバルもいなくて、モノレートを見ても「売れない」と判断したのなら、Amazonに返送か廃棄の連絡をしましょう**。また、返送と廃棄は、間違えて仕入れてしまった場合にも使えます。なお、Amazonでは、ホリデーシーズンなど繁忙期を除き、基本的には「返送／所有権の放棄依頼には10～14営業日で対応」というルールになっています。

● 返送／所有権の放棄に関する手数料

サービス	標準サイズ（商品あたり）	大型サイズ（商品あたり）
返送	51円	103円
廃棄	10円	21円

◀ Amazon「FBA在庫の返送／所有権の放棄 手数料」
URL https://sellercentral.amazon.co.jp/gp/help/external/200685050

第5章 販売率を上げるための出品テクニック

Section 66

Keyword
新品／中古
コンディションガイド

【Amazon編】商品状態を書いてトラブル回避

Amazonに出品する際、規定のガイドラインに基づき、コンディションを設定します。使用状態や汚れのほか、外箱や同梱品の有無、メーカー保証の状態などで振り分けます。

商品状態は隠さず、正確に、正直に

「商品にマイナス部分があると、売れないのではないか？」「中古だと買ってもらえないのでは？」と思っている人もいるのではないでしょうか。しかし、マイナス部分があっても、中古でも、商品は売れるので心配いりません。ただしそのとき、**マイナス部分を隠さないことが重要**です。出品商品の**コンディションは、ごまかさず、正確**に書きましょう。たとえば、「展示品なので未使用」といったことです。

コンディション欄をできるだけ具体的に正確に書くことのメリット、それはトラブルを未然に防ぐことができることになります。キズの状態、日焼け、凹み、穴、ダメージなどのマイナス部分はしっかり記載します。商品の状態は、すべて隠さず何もかも伝える、これが基本です。

「中古出品」は、写真をなるべく載せるようにします。美品なら美品であることがわかるよう、キズがあるならキズの部分がわかるように掲載し、購入者に情報を提供します。それだけでも購入者にとっては安心材料となり、クレームなどのトラブルに発展しにくくなるのです。

● スレやキズなどマイナス部分も伝える

▲ 自分で「載せないほうがよい」と勝手な判断はせず、正直にありのままの状態を伝える。

新品・中古のコンディション

　Amazonには「新品」「中古ーほぼ新品」「中古ー非常に良い」「中古ー良い」「中古ー可」とコンディションが細かく分けられています。商品ジャンルによって規定は異なりますが、たとえば家電で「新品」の使用状態とは「未開封・未使用」のもので、外箱があり、付属品などもすべて揃っていることです。外箱がなかったら、それだけで新品として出品することはできません。**コンディションを偽って出品すると、アカウント停止になる可能性もあります**。Amazonで出品する際には、コンディションの設定に注意しましょう。

　コンディションは、せどり初心者なら、どなたでも悩みますので下の表を参考にしてください。コンディションに応じて何が欠品しているかを書き、使用状況（例：展示品なら「展示品なので未使用」など）を正確に伝えましょう。

● コンディション例（エレクトロニクス、ホームアプライアンス、大型家電など）

コンディション	使用状態	汚れ、キズ	同梱品	箱、部品	保証
新品	未開封および未使用	まったくなし	すべてあり	すべてあり	メーカー保証がある場合、保証期間中や保証期限切れは不可
中古ーほぼ新品	使用軽度（見た目は使用済であるかわからない程度）				メーカー保証が切れている場合、最低30日間の動作保証が必須（30日以内に動作しなくなった場合は返品の受け入れが必要）
中古ー非常に良い	使用軽度	軽微		新品販売時の本体の主要な仕様を変更しない範囲で、部品交換や一部欠品はあるものの、商品の使用にまったく支障なし	
中古ー良い			新品販売時の本体の主要な仕様を変更しない範囲で、一部欠品はあるものの、商品の使用にまったく支障なし		
中古ー可	使用重度	多い		消耗部品の交換をしていないために使用に一部制限があるなど、使用上の工夫が必要。	

▲ Amazon セラーセントラル「コンディションガイドライン」
URL https://sellercentral.amazon.co.jp/gp/help/external/200339950

第5章 販売率を上げるための出品テクニック

Section 67

Keyword
コンディション欄
新品／中古

【Amazon編】購入されやすいコンディション欄の書き方

コンディション欄には、新品の場合は「サービス」を、中古の場合は「商品の状態」を具体的に書きましょう。購入者が購入するかどうか決め手となる内容にすることを心がけます。

新品出品のコンディション欄

　Amazonへ出品する商品は、**新品、中古問わず商品ページの「コンディション」欄に記載する内容を工夫すれば、ライバルに差を付けることができます**。さらにいえば、このコンディション欄でしか、ライバルとの大きな差別化はできないといってよいかもしれません。

　新品の場合は、あえてAmazonのルールやサービスを記載するという手法があります。たとえばFBAで出品しているのであれば、「24時間365日出荷対応」「即日配送」「返品保証」「在庫確実」と明記するのです（P.62参照）。これが、「Amazonによる販売」「Amazonから直接発送している」ということのアピールとなり、購入者にとっては「安心」や「信頼」につながります。このような文言は、フォーマットを作成しておくとよいでしょう。フォーマットを作っておけば、2回目からはそれをコピー＆ペーストをするだけでよくなるので、毎回入力する手間が省けます。

● 実際の新品出品のコンディション欄の例

▲ 新品による出品でもコンディション欄にテキストを入力し、ライバルと差を付けよう。

中古出品のコンディション欄

　中古の場合は、**より丁寧かつ具体的にコンディション欄に記載**します(P.65参照)。購入者が中古を購入する場合、もっとも気にするのは商品の状態「コンディション」です。たとえば、パッケージに傷みのある商品に「パッケージに傷みあり」とだけ記載されている場合と、「パッケージにスレや傷みはありますが、商品は新品未使用品でございますので、安心してご購入ください」と記載されている場合とでは、あなたならどちらの商品を購入しますか？　おそらくほとんど人は後者の商品を購入されると思います。

　中古の商品説明文は、実物を見なくてもその商品がどういった状況かわかるよう、具体的に書くことを心がけてください。「文章を書くのが苦手」という人もいるかもしれません。しかし、文才がなくても大丈夫です。わかりやすく丁寧に書くことが重要です。**具体的に丁寧に書いてあげること、それが購入者への信頼につながります。**

● 実際の中古出品のコンディション欄の例

▲ 中古の場合は、商品コンディションを具体的に書くことが大切。

第5章 販売率を上げるための出品テクニック

Section 68

【Amazon編】商品の質問の問合せが来たら、迅速に対応しよう

Keyword
問合せ
メーカー保証

購入者からの問合せは、FBA出品の場合はAmazonを経由して連絡が来ます。もし商品に問題があった場合、メーカー保証に誘導しましょう。それでも問題があれば、返品、返金に応じます。

FBA出品なら初動はAmazonが対応

購入者から直接の問合せは皆無ではありませんが、かなり少なめです。また、**FBAで出品している場合、購入者から問合せがあれば最初の対応はAmazonが行い、その後、出品者のもとにメールで連絡がくる**ので安心です。

Amazonから問合せの連絡がきたら、迅速に対応しましょう。迅速といっても、24時間以内に対応すれば問題ありません。副業でせどりをする人の中には、「30分や1時間で返答しないといけないのでは？」と慌てる人も多くいますが、そこまで急がなくても大丈夫です。

購入者対応の心構えとして大事なのは、個人ではなく販売者、会社としてきちんと対応することです。購入したお客様は、会社や企業から買っていると思っているので、「会社」「企業」というスタンスで接してください。なお、電話が苦手ならば、対応は最初から「基本的にはメールでのやりとりでお願いします」と、断っておくとよいでしょう。

Column 商品に関する質問が来たら

せどりは商品知識がなくてもできるため、商品に関する質問が来てもよくわからず、困惑してしまうことがあります。しかし、わからないからと適当な対応をするのではなく、しっかりと購入者の立場に立って親身になって対応するということを心がけてください。
問合せに対する対応方法は、まずは購入者には丁寧に「調べ終わるまで、少々お時間をください」などと断るようにしてください。その後メーカーへ問合せをして、その内容を購入者に回答します。メーカーに対しては一般客からの問合せというスタンスで問題ありません。しかし、何度聞いても手元に商品がなく、実際に利用していない出品者にはわからないこともあります。まして、それを購入者の方へ伝える、そんなことが手に負えないこともあります。そんなときは最後の手段として、メーカーの問合せ窓口の電話番号を伝え、直接問合せをしてもらうよう、お願いしてください。

メーカー保証へ誘導する

販売した商品に問題があった場合、出品者はAmazonの規約に従い返品に応じなければなりません。しかし、**家電などの場合は最初は「メーカー保証」に誘導**します。基本的に新品で販売しているものに関しては、もともと1年間のメーカー保証が付いているので、メーカーに対応してもらうのが本筋となります（保証書の取り扱いについてはP.181参照）。それでも問題がある場合は、Amazonの規約に則って、返品、返金に応じます。

返品は滅多にはありませんが、それでもごくたまにあることなので、落ち込む必要はありません。返品された商品は一度FBA倉庫に戻され、倉庫スタッフが検品を行い、再販売が可能であれば、再び倉庫に戻されます。しかし、再販売ができない商品も出てきます。この場合は、自分の手元に商品が戻されるので、商品のどこに問題があるのか確認してみましょう。

 メーカー保証への誘導例

○○○○ 様

この度はお買い上げいただきまして、ありがとうございました。
しかしながら、商品に不具合がありましたようで誠に申し訳ありません。当社におきましても最後まで責任を持って対応させていただきます。
お買上げいただきました商品は新品ですので、メーカー保証を受けることができます。
その際にはAmazonの注文履歴から領収書／購入明細書を印刷してご利用ください。
保証書にAmazonの領収書／購入明細書を添付することで、購入日の履歴となります。

印刷方法が不明な場合はAmazonカスタマーサービスへの問い合わせが最短のご案内になります。
お手数おかけ致しまして恐縮ですがよろしくお願いいたします。
詳しい連絡方法を下記に記載させていただきます。

【Amazon.co.jpカスタマーサービスへのお問い合わせ方法】
◆電話によるお問い合わせ
Amazon.co.jpカスタマーサービスの電話番号
・フリーダイヤル：0120-999-373
・フリーダイヤルが利用できない電話（一部のIP電話など）：011-330-3000

第5章 販売率を上げるための出品テクニック

Section 69

Keyword
代行業者
外注さん

【Amazon編】外部発注で作業を効率化しよう

自分にしかできないリサーチや仕入れの作業は自分が行い、それ以外の作業は外部におまかせすると効率的に動けます。ただし、費用は当然かかるので、ある程度儲けが出てからでよいでしょう。

ラベル貼りはAmazonにおまかせする

　せどりにはリサーチや仕入れ、出品登録作業、発送、在庫管理、価格見直しなどさまざまな作業があり、副業であればなおさら時間が足りません。そこで、**一部の作業は外注におまかせしてしまう**ことを提案します。自分にしかできないリサーチや仕入れはそのまま自分が行い、そのほかの作業は外部に頼んでしまいましょう。なるべく利益に直結するリサーチや仕入れだけに集中して取り組むことをオススメします。

　たとえば面倒な作業の1つに、ラベル貼りがあります。FBAを利用すると、すべての商品に「これは私が扱う商品です」という意味で登録したバーコードのラベルを貼ってから倉庫へと発送します。出品者自身がラベル印刷用のシールを用意してプリンターで出力し、印刷して1つずつ間違いがないよう、手作業で貼っていくという作業です。しかし、**Amazonの「商品ラベル貼付サービス」**を利用すれば、代わりにAmazonがその作業を代行してくれるので、ラベルは貼らずに商品をそのまま倉庫へ発送するだけになります。料金も、小型・標準サイズの商品は1枚20円、大型サイズの商品が1枚50円と許容範囲です。

● 商品ラベル貼付サービス

URL https://sellercentral.amazon.co.jp/gp/help/external/200483750

発送作業は代行業者におまかせする

　仕入れた商品をFBAに発送するまでには検品し、商品ラベルを貼ったり、出品コメントを付けたり、梱包したりと、いくつかの作業があります。この**手間がかかる作業は、すべて代行業者におまかせすることができます**。たとえば、副業でせどりをしている場合、会社帰りに仕入れをしたら、商品をその場から代行業者のもとへ発送します。代行業者はその商品をあなたに変わり、必要な作業をすべて代わりに行ったうえでFBA倉庫へと発送してくれるのです。代行業者は検索サイトで「Amazon 出品代行業者」などで検索すると、何社か出てきます。どの業者も約2,000～4,000円の月額料と別途手数料などで利用できます。なお、このような**代行業者を利用するのは費用増となるため、採算がとれるようにしっかり利益を計算してから利用する**ようにしましょう。

外注さんにおまかせする手もある

　代行業者のほかに、外注さんにお願いする方法もあります。「Lancers」などのクラウドソーシングや「ジモティー」（https://jmty.jp/）といったWebサービスで探すことができます。最初は対面で出品方法を教えるなど手間がかかりますが、これが**いちばん安く済む方法**なので頑張って乗り越えたいところです。報酬は内職の単価がライバルなので、すごく安く済みます。外注さんは子どもがいて自宅で仕事がしたい、という場合が多いので、単価1個いくら、というのを時給で7～800円になるように計算して設定してあげると喜んでもらえ、お互いにメリットがあるでしょう。なお、**外注さんとは、雇用ではなく外注業者として契約を結びます**。雇用となると、社会保険なども発生するので注意が必要です。あくまでも、「外部の人に仕事を発注する」というスタンスでお願いしましょう。なお、Amazonアカウントは権限設定ができるので、外注さんに依頼する際、こちらのアカウント情報を必要以上に知られてしまうことはありません。

● Lancers

URL https://www.lancers.jp/

第5章 販売率を上げるための出品テクニック

Section 70

【メルカリ編】プロフィールで一般ユーザー感を出そう

Keyword
プロフィール
一般ユーザー

メルカリは個人間での売買になるので、せどりのプロ感を出すと、Amazonとは逆に引かれてしまいます。ユーザー名からプロフィールまで「個人感」を出したほうが好感が持たれるのです。

プロの業者っぽいユーザーは買われない

　メルカリはフリーマーケットのように個人のユーザーどうしがコメントを付け合ったり、値下げ交渉をしたりして商品売買のやりとりを楽しむ場所です。そのため、ユーザーは**プロの業者による出品には難色を示す**傾向があります。また、メルカリの運営側もプロの業者をよく思っていない部分があり、一度に同じ新品の商品を大量出品しているユーザーに対しては、検索結果の最下部に表示するようにするなどの措置を取ることもあるようです。

　また、Amazonの購入者は出品者に対してプロフィールをじっくり読んでから購入するということは少ないと思いますが、**メルカリのユーザーは、プロフィールページをじっくり読み、どのような出品者なのかをよく確認してから、やりとりをする**傾向があるようです。つまり、自分がせどりを行っている者であることがさとられないよう、プロフィール文を作成する必要があります。

● プロの業者っぽいユーザーは敬遠される

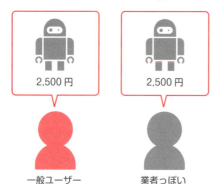

◀同じ商品を同じ価格で出品していても、メルカリではプロの業者っぽいユーザーからは買われない傾向がある。

一般ユーザー感を演出する方法

メルカリで好まれる一般のユーザーのようなプロフィールを作るポイントは、次のとおりです。

■ ユーザー名

Amazonのように「○○社」や「○○ショップ」のような、会社を思わせるのは避けたほうがよさそうです。**とくに凝る必要もなく、普通っぽい名前**でOKです。商品のやりとりをする上でもお客様にもわかりやすく、シンプルな個人名がよいでしょう。「○○ママ」や「○○パパ」のようなものも好まれます。

■ アイコン画像

ユーザー名の隣のアイコンには、**画像を入れる**ことができます。入れるか入れないかは好みですが、入れたほうが個人感を演出でき、一般ユーザーっぽく見えるかもしれません。

■ プロフィール文

プロフィール文には、「家にある不用品を出品していきます」「ただいま断捨離中です」のような、**出品する理由**を書きましょう。また、出品者が**ペットを飼っているか、タバコを吸っているか**というのは気になります。商品によってはそれにより臭いや汚れ、色付きなどが出てしまうものもあるからです。こちらも正直に書くとよいでしょう。

そのほか、「仕事をしているのでお返事は夜になります」など**連絡に関すること**や、基本的に**どのように商品を発送しているか**なども書くと好意的に見てもらえます。

● プロフィール文の例

```
ご覧いただきありがとうございます。
2児のパパです。
不用品を中心に出品していきたいと思います。

即購入OKです。
価格交渉中でも購入してくれた方を優先します。

昼間は仕事をしているので、返信が遅くなる場合がございます。

配送はいちばん安価な方法を選択しています。
万が一の配送事故は責任を負えませんので、指定の業者がある方は別料金にて対応いたします。

気になることがありましたら、
いつでもコメントくださいね。
```

第5章 販売率を上げるための出品テクニック

Section 71

【メルカリ編】
「商品の説明」はとにかく重要

Keyword
商品名
商品の説明

メルカリに出品する際、購買者への訴求力が出せるのが「商品の説明」です。商品情報は具体的にわかりやすく書き、どうして出品しているのかという理由も書くとより効果的です。

「商品名」より「商品の説明」を重視する

　メルカリはAmazonとは異なり、**自分で「商品名」や「商品の説明」を書くことができます。**「商品名」は40字以内で書き、品名の前には「激安」「お得」「使い勝手◎」など、セールスポイントとなるキャッチコピーを付けるとよいでしょう。一方の「商品の説明」は1,000字以内で書きます。「色」「素材」「重さ」「定価」「注意点」を中心に、ユーザーが興味を持ちそうなキーワードを盛り込み、いかに検索して表示させるかが重要となります。

　なお、商品名はパソコンのWebブラウザでメルカリのWebサイトを開いたときには表示されますが、スマートフォンのアプリでは写真のみとなり、商品名は表示されません。したがって、**「商品名」より、「商品の説明」を重視すべき**といえます。

● パソコン版

● スマートフォン版

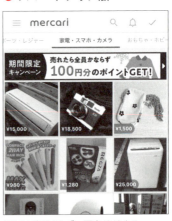

▲ 商品名はパソコンから見ると表示されるが、スマートフォンのアプリから見ると表示されず、写真だけとなる。

「商品の説明」に書くべきこと

　メルカリには「新品、未使用」「ややキズや汚れあり」など、商品の状態をチェックする項目があります。そのほかに「商品の説明」を記載する箇所があり、こちらは**できるだけ具体的に書きましょう**。たとえば、「美品」「型番」「メーカー」「色」「箱あり／なし」「取説あり／なし」「新品同様」「汚れなし」「箱潰れなし」などを書きます。また、**関連するワードにハッシュタグを付けて商品の説明に記載する**と、興味のある人に見てもらいやすくなります（「#キャンプ」など）。

　これまでに筆者が面白いと思ったコメントで「箱を潰して発送します」というものがありました。これは「発送するにあたり、箱が大きいと邪魔なので折りたたんで発送します」という意味のようです。このような個人ユーザー感がAmazonとは真逆の考え方です。Amazonとの違いを把握して、商品説明を書きましょう。

手放す理由を明記する

　商品の説明には、その商品をどうして出品しているのかといった理由を書くと効果的です。「お店で見てかわいくて思わず買ってしまいましたが、結局未使用です」「同じものを間違って2つ購入してしまいました。余っているので出品します」といったような理由を書けばよいでしょう。

　しかし、**絶対に書いてはいけないNGワードがあります。それが「頂きものなので」という説明**です。購入者からすると、「頂きもの＝タダ」と想像してしまい、「だったら、安くするか、無料で譲ってほしい」としつこく値下げを要求される可能性があります。

● メルカリで使える「手放す理由」例

- 型番を間違えて買ってしまったため
- サイズを間違えてしまったため
- 家族が同じものを買ってきてしまったため
- 断捨離をしているので
- 引っ越しをするので整理している　　　　　　　　　　　など

第5章 販売率を上げるための出品テクニック

Section 72 【メルカリ編】注目されるトップ写真の見せ方

Keyword
写真掲載数
文字を載せる

メルカリは最大4枚写真掲載が可能なので、少しでも多く情報を提供できるよう、4枚すべて掲載しましょう。検索一覧画面ではトップ写真のみの表示となるので、文字を入れてアピールします。

写真は最大掲載枚数の4枚を載せる

　メルカリの出品商品には、最大4枚までの写真を載せることができます。そのうちの1枚目が、「商品の顔」ともなるトップ写真です。スマートフォンのアプリでは、トップ写真と値段のみを商品一覧で最初に目にすることとなります。トップ写真から商品の詳細ページへ移動することで、ほかの3枚の写真もスクロールで見れるようになる、というしくみです。

　ほかの3枚の写真は、商品の裏面など角度を変えたり、キズや汚れなどをアップで撮ったりして特徴がわかる写真にします。1枚目では写しきれなかったところやものを載せることによって、商品の情報量が格段にアップします。ですので、**写真は必ず4枚すべて載せる**ようにしましょう。たとえば「同じ商品、同じ値段」とすべて同じ条件にし、写真の掲載枚数のみ1枚か4枚かの違いで出品したとします。すると当然、4枚のほうが売れやすくなります。写真が1枚だけだと不審がられたり、購入後のクレームが付きやすかったりという可能性も高いので注意しましょう。

● 写真は4枚載せる

写真が1枚のみ
・不審に思われ購入まで至りにくい
・購入後のクレームが付きやすい

写真が4枚
・さまざまなアングルで確認できる
・キズの箇所などを確認できる

▲ 写真を4枚載せると情報量が多くなり、購入の判断まで有利に運びやすくなる。

トップ写真に文字を入れてアピール

　スマートフォンで見た場合、1枚目の画像（トップ写真）は、多くの品物の中に紛れてしまいます。多くのライバルたちより頭1つ出るには、「**トップ写真に文字を入れること**」です。文字を入れることで目立ち、ユーザーの目にも付きやすくなります。入れる文字は、商品のアピールポイントや訴求したい点などです。

　たとえば、ステンレスボトルを例にすると、「**送料込み**」や容量、サイズ感、コンディションなど、購入者が気になる点をアピールします。具体的には、「〇ミリリッター」「サイズ（大、中、小、S、M、Lなど）」「未開封品」などです。

　「メルカリ」アプリでは、出品する際に写真を設定後、画像をタップすると「編集」画面が表示されます。トップ画像を選び、下中央の をタップします。すると、下一列に「フィルタ」「鮮明度」「切り抜き」などの編集を加工するメニューが表示されるので、右にある＜テキスト＞をタップすると、文字を載せることができるようになります。文字は色や書体、サイズ、配置場所など自由に設定できるので、**よく目立つようなトップ画像に加工しましょう**。

● トップ写真に文字を入れる

▲トップ写真には文字を載せて、興味を持ってもらえるようにしよう。

第5章 販売率を上げるための出品テクニック

Section 73

【メルカリ編】写真は必ず商品状態がわかるように

Keyword
正方形
デメリット部分

写真はスマートフォンでの撮影でOKです。あらかじめ正方形となるように設定して撮影しましょう。また、写真撮影は丁寧に行い、デメリットとなる部分も隠さず、わかりやすいように撮影を行います。

撮影はスマートフォンで問題なし

　メルカリに掲載する写真を一眼レフカメラなどで撮影する人もいますが、**スマートフォンでも問題ありません**。写真は正方形で掲載されるので、スマートフォンの「カメラ」アプリに**正方形で撮影できるモード**があれば、それを利用して撮影するとよいでしょう。正方形で撮影していない場合、左右や上下をカットすることとなり、商品をアップで撮影すると肝心の部分が入らなくなるというアクシデントが起こりがちです。その場合、撮り直しの手間が発生するので注意してください。正方形で撮影できない場合は、余白を多めにし、あとから余白をカットするなどトリミングできるようにして撮影しておきます。

　なお、スマートフォンにはかんたんに加工できる機能が搭載されていたり、無料の加工アプリも数多くリリースされています。しかし、メルカリに出品する場合は余計な加工は不要です。ありのままの自然な状態がわかればよいのです。きれいに加工し過ぎると、購入者から「写真と違うじゃないか」とトラブルの原因にもなります。

● 正方形で商品を撮影する

◀ iPhoneでは、「カメラ」アプリの「スクエア」モードにすると、正方形で撮影することができる。

写真は丁寧に撮影する

　写真の明るさは暗過ぎず、かつ無駄に明る過ぎないよう撮影します。撮影する時間帯はできれば昼間、場所は自然光が差し込むところがオススメです。とくに背景が白い場所を選ぶと、自然な明るさで商品を際立たせてくれます。商品自体が白の場合は、はっきりした色合いの単色をバックに撮影するとよいでしょう。

　注意したいのは「ピント」です。ピントが合っているかどうか、撮影しているときによくわからなければ、何枚か撮ってみて、その中からよいものを選びます。家電やデジタル製品などの品番が付いている商品は、品番の文字がよく見えるように撮影しましょう。

キズ・汚れ・凹みも隠さず撮影する

　キズや汚れ、凹みなどはデメリットとして捉えがちです。しかし、そのデメリットこそ正直に伝えなければいけません。そのような**欠点はあえてわかりやすいようクローズアップで撮影し、正確に状態が伝わるようにします。**

　ただ、中には写真ではなかなか写りづらい小さなキズや凹みもあります。とくに、立体感が必要な凹みを見せることは、平面である写真ではなかなか難しいです。光を当てるなどしても撮れないようなキズや汚れがある場合は、「商品の説明」欄で補足するようにしましょう。たとえば、「背面右下に2〜3㎜の凹みあり」など、具体的に「位置（場所）・大きさ・状態」を記載してあげると親切です。

● 欠点をしっかり撮影する

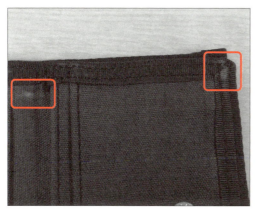

◀このように汚れがある箇所はクローズアップして撮影する。どうしてもうまく撮影できない場合は、「商品の説明」欄に記載しよう。

第5章 販売率を上げるための出品テクニック

Section
74

Keyword
大量出品
リピーター割引

【メルカリ編】そのほかの メルカリ販売テクニック

ここでは、メルカリのかんたんな販売テクニックを解説します。まとまった数の商品をスマートに販売する方法や、リピーターを作り、割引をして安定収入を作る、などの方法です。

まとまった数量の商品を売る

メルカリはあくまでも個人と個人のやりとりをする場所なので、**1日に大量の商品を出品すると一般ユーザーに業者と疑われ、なかなか売ることができなくなってしまいます**。では、メルカリで大量の商品を売りたい場合、プロの業者感を出さずに出品するにはどうすればよいのでしょうか?

たとえば、同じ商品を10個売ろうとした場合、普通なら1個いくらですという出品ページを10個作成しなければなりません。しかし、これは現実的ではありません。自分も手間がかかり面倒ですが、そのような出品を行うと、一般ユーザーに煙たがられるだけでなく、メルカリ事務局に警戒されかねません。そのような場合は、**1つだけ出品し、その「商品の説明」欄に「在庫10個あります」と書いて複数の販売を提案**します。複数買いたいという希望があったら、「○○様専用」といった専用ページを作成し、そちらに誘導して取引を行いましょう。この手法を利用すれば、Amazonから返品された商品や、急な規制で販売できなくなった在庫の現金化が可能になります。

●「商品の説明」欄で複数販売を提案する

```
商品の説明

USB-IF 正規認証品です。

間違えてネットショップで誤発注してしまいました。値
段は1個の値段ですが、手元に在庫が8個あります。ご家
族、ご兄弟、お友達にプレゼントはいかがですか? まと
めての購入をご希望される場合は、専用出品お作りしま
す。多少のお値引きも可能です。お気軽にお声掛けくだ
さい♪

●コネクタ形状:
USB 2.0 standard-Aオス-USB2.0 Type-Cオス
```

◀同じ商品を大量に出品するよりも、スマートに販売することができる。

リピーターになってもらい割引で売る

　メルカリは個人と個人が売買取引をする場所なので、お互いの信頼関係が重要になります。購入者が一度よい出品者に出会うと、「あの人は対応もよく安心して取引できるので、また購入したい」と感じることがあります。繰り返し販売ができると効率よく売上をあげることができ、安定した収入にもつながります。

　では、どうしたらリピーターを増やすことができるのでしょうか？　まずリピーターが付きそうな**コスメや食品など消耗品**を狙いましょう。消耗品ならある程度仕入れ先も決定しやすく、また、購入者も固定客が付きやすいです。さらに、得意なジャンルを持つことも有効になります。たとえば、キャラクター関連商品は特定のファンが付いているので、固定客獲得には適しているといえます。それ以外にも、誰も扱っていないようなニッチな商品を探してみましょう。また、迅速で丁寧な対応といったごく当たり前のことも信用につながります。

　リピーターができたら、**「リピーター割引」で購入者との絆をさらに強固なものにしましょう**。出品者の中には「おまけ」を付ける人もいるようです。おまけは、出品した商品が安価な消耗品だったら、少し余分に付けてもよいでしょう。また、「再度ご購入ありがとうございます」程度でよいので、商品を発送する際、お礼の手紙をさりげなく忍ばせておくのもオススメです。

● リピーターを増やす方法

- リピート率の高い安価な消耗品を出品する
- ほかの出品者が扱わないようなニッチなジャンルを取り扱う
- 得意ジャンルを持つ
- 対応は迅速、丁寧、誠実に

● リピーターになってもらったら

- リピーター割引をする
- おまけを付ける
- なるべく礼状を書く

COLUMN

せどりは、長期的な視点で取り組むことが重要

「1日の売上で考えると不安」「なかなか続かない…」。せどりのコンサルティングをしていると、こういった声も聞きます。

せどりは「時給」で稼ぐものであれば安心かもしれませんが、そうではありません。それに、時給というのは自分の時間を売るという考え方で、ビジネスの思考ではないでしょう。もともとお金を稼ぎたくて始めたが、1日で利益が出なくて凹んでしまい、次のステップの前に挫折してしまう……。こんな風になる可能性がすごく高いです。

また、会社員が副業でせどりをすると、仕事帰りに仕入れをしているため疲れてしまい、3日ももたずにやめてしまうこともあるようです。

結局、せどりを辞めてしまう人は、短いスパンで一喜一憂する人です。

しかし、せどりはビジネスとして、トータルで考えるべきです。ひと月単位でどれくらい活動したかを考えてみましょう。ひと月のうち、せどりにどれだけの時間を費やし、駐車場代、電車代などにいくらかかったかなどを書き出してみます。そのうえでトータルでの儲けを計算すると、ほとんどの人は行動量と実力に比例して儲かっているはずです。

1日や2日間の短期間ではなく、1週間、10日、1か月など、長いスパンを見据えて続けてください。すると、下手な人は下手なりに、上手な人は上手な人なりに、その人のもつ実力どおりに、結果は出てくるのです。

本気でせどりをするならば、かんたんにはあきらめない長期的な視点、それに、些細なことなど気にしない経営者としてのおおらかさも必要です。そして、行動した分だけ結果が出るという、ほかにはないビジネスであることを忘れてはいけません。

第6章
気になる疑問&トラブル解決 FAQ

Section 75 : 始めるのに資金はどれくらい必要？
Section 76 : せどりの悪いイメージが気になります
Section 77 : どうすればたくさん稼げる？
Section 78 : 儲かったら確定申告は必要？
Section 79 : せどりの将来は大丈夫？
Section 80 : 店員さんにせどりを注意された！
Section 81 : 実際にやってみたけど商品が見つからない！
Section 82 : 保証書の取り扱いはどうすればよい？
Section 83 : 購入者からキャンセルを希望された！
Section 84 : 購入者から商品を返品された！
Section 85 : 発送した商品が破損していた！
Section 86 : 出品者レビューに悪い内容や個人情報を書かれた！
Section 87 : 間違えて違う商品を売ってしまった！
Section 88 : 新品を購入した購入者から展示品だったとクレームがきた！
Section 89 : Amazonからの問合せがきた！

第6章 気になる疑問&トラブル解決 FAQ

Section 75 始めるのに資金はどれくらい必要？

Keyword
仕入れ資金
複利効果

始めは月3万円の利益を出すのを目標にせどりをしましょう。その場合、おおよそ10万円の仕入れ資金が必要と見てください。得た利益を資金とし、徐々に利益を増やしていくようにしましょう。

最初は10万円の資金を用意しよう

　これからせどりを始めるという人にとって、始めの目標値となる目安は3万円ぐらいでしょうか。まずは**月に3万円稼ぐことを目標に、せどりにチャレンジしてみてください**。

　3万円の利益を目指すには、仕入れ資金としておおよそ10万円を準備する必要があります。しかし、副業としてせどりを考えている人は仕入れ資金が潤沢ではないケースが多く、10万円を用意するのが難しいという人もいるかもしれません。そのような人は、クレジットカードを上手に活用することをオススメします。たとえばクレジットカードの支払いを2回払いの分割にすると、金利手数料がかかりません。つまり、0円で半分の支払い額を翌々月に先延ばしすることができるようになります。なお、3回払い以降は金利手数料が発生するので、注意しましょう。

　月3万円を稼ぐことを目標にせどりを始め、そこで得た利益は、さらに仕入れに充てるようにします。このように**雪だるま式に資金をどんどんと増やしていく「複利効果」**で、月の利益を右肩上がりへとしていくのです。

● せどりは複利効果で利益を増やす

▲ 得た利益をもとに仕入れを行い、徐々に大きな利益をあげていく。

第6章 気になる疑問&トラブル解決 FAQ

Section 76

Keyword
転売ヤー
三方よし

せどりの悪いイメージが気になります

「せどり」のことを詳しく調べたり、友人知人にいろいろ聞くと、なんだかイメージが悪そう……。しかし、それだけの理由で「せどり」をやめてしまうのはもったいないです。

 ## 「三方よし」の精神を大切に

　せどりをする人を、ネットでは「転売ヤー」（転売+Buyer）などと揶揄されています。転売ヤーとして嫌われているのは、主に人気アーティストのコンサートなどのチケットを転売目的で購入し、ネットオークションで定価ではなく、破格の値段で売るようなモラルのない人たちです。実際は「せどり」とは関係ありませんが、世の中には混同している人もいるようです。また、最近ではクリスマス時期などに人気で手に入れづらいものを、転売ヤーが買い占めるということもあります。そればかりではなく、世間一般には、どのジャンルの商品でも「買い占めている」という悪いイメージが多くあり、「転売ヤー」「迷惑」などといわれてしまいます。

　せどりをする人間は多数います。**悪いイメージを広めているのは、本当にほしい人の分まで買い占めるモラルのない、ほんの一握りのせどらー**です。筆者の経験からいうと、せどらーはお店から「たくさん購入してくれてありがとう」と感謝されるケースが多いです。なぜなら、私たちが仕入れるものは、お店が早く処分したいものだからです。Amazonでの購入者からも「ずっと探していたものがやっと見つかりました!」と感謝されるほうが多かったりもします。つまり、**「せどり」は出品者、購入者、Amazonの「三方よし」のビジネス**なのです。自信をもって取り組んでください。

● せどりは「三方よし」

◀ 一部のモラルのない人たちはあくまで例外。せどりは「三方よし」のビジネスである。

第6章 気になる疑問&トラブル解決 FAQ

Section 77

どうすればたくさん稼げる？

Keyword
1つの手法に集中
検索量をこなす

せどりにパソコンスキルなどの特別な能力や才能は不要で、開始時の資金もほぼかかりません。努力した分だけ結果も出ます。それでも稼ぐ人と、うまくいかずに辞めてしまう人に分かれます。

たくさん稼ぐには1つのことに集中すること

せどりは買った商品をネットで売るだけのシンプルなビジネスゆえに、誰もがかんたんにできると思いがちです。しかし、誰もがかんたんに利益が出る商品を見つけることができるようになるかといえば、それは別の問題になります。

せどりでたくさん稼ぐには、**利益が出る商品を仕入れる方法を身に付ける**必要があります。本書ではこれからせどりを始める人に最適な、もっとも再現性が高い店舗で仕入れる方法を解説しています。仕入れ場所を実際のお店ではなく、ネットショップから仕入れる方法もあります。ほかにもリサイクルショップで中古を仕入れたり、洋服専門のせどりをしたりする人もいます。

どの方法でも実力のある人はたくさん稼いでいます。しかし、中には稼げない人もおり、そのような人の共通点は、うまくいかないとすぐにほかの手法に手を出すことです。この本にはすべて誰でも実践可能なことしか書いてありません。努力すれば誰でもできるようになります。ぜひ**1つの方法に集中して利益が出る商品を仕入れる力を身に付けて、たくさん稼いでください**。

● 1つの手法に集中する

◀筆者自身、誰にでもできる店舗せどりに集中したので、身に付けることができた。今ではセミナーも開いている。

せどりの結果は検索量に比例する

　当たり前のことですが、世の中の商品のほとんどは仕入れてネットで販売しても利益は出ません。しかし、**しっかり探すと利益が出る商品は必ず見つけることができます。**探せるかどうかは検索量に比例すると常に考えてください。たくさん稼いでいる人は、間違いなく検索量が多いです。これからせどりを始めるという人や、まだ経験が浅いという人は、検索量だけは負けないくらいの気持ちで望むとよいでしょう。筆者の経験でも、たくさん検索していて稼げていない人はいません。

● 利益の出る商品が眠る店内

◀お店の中の99％の商品はAmazonのほうが販売価格が安いと考える。利益が出る商品を見つけるには、検索量が重要。

¥ Column　店舗せどりと電脳せどり、どちらが稼げる？

　せどりの悩みで多いのが、「店舗せどり（Sec.03参照）と電脳せどり（Sec.04参照）はどっちがよいのか」というものがあります。たまにライバルのようないわれ方をしますが、どちらでも稼いでいくことは可能です。好みや相性で考えてみるとよいでしょう。ここでも身に付かない人の動きは一緒です。うまくいかないからと、コロコロとやり方を変えます。店舗でも電脳でも、たくさん稼いでいる人は自分のやっていることに集中しています。

▲せどりの方法はさまざま。ネット上から仕入れる方法が電脳せどり。

第6章 気になる疑問&トラブル解決 FAQ

Section 78 儲かったら確定申告は必要?

Keyword
確定申告
普通徴収

税務署への確定申告は必須です。副業せどりの確定申告では、「やり方がわからない」ということと、「副業で会社にバレてしまうのではないか」の2つの問題があります。

Amazonせどりでも確定申告は必要

　確定申告が無関係な会社員などがせどりを始める際、納税について困惑しがちです。ルールでは、**申告の必要があるのは経費を差し引いて年間20万円以上の利益をあげた場合**とされています。せどりで20万円の利益というと、Amazonでの売上が約100万円、手数料を引かれた入金額が80万円、商品の仕入れが60万円というところでしょうか。もし申告していないとすると、通帳には80万円のAmazonからの入金のみが記載されており、これが利益とみなされても仕方のないビジネスです。金額が大きいので、経費と利益を確定させる意味でも、確定申告はしておいたほうがよいでしょう。それに年間20万円の利益ということは、月に2万円以上稼げば超えてしまいます。真剣にせどりをすれば、あっという間です。**確定申告はするものだと考えてください。**

　税務署の調査があると仮定すると、Amazonせどりは売上や入金額、手数料も確定しているので逃げられません。売上がわかりにくいフリーマーケットなどとは違います。しかしその反面、売上や手数料、期首期末の棚卸などはAmazonからデータをいつでも引き出せるので、決算処理などは通常の小売業よりもはるかにかんたんです。

● 棚卸はかんたん

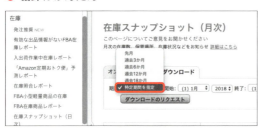

◀確定申告に必要なAmazonでの売上と棚卸は、いつでも必要なデータを自由に入手することができる。

会社にバレないように確定申告するには

　多くの人は、せどりを副業で始めています。確定申告することで会社にバレてしまうかどうかが気になるところでしょう。副業だとバレてしまうのは、せどりで所得が上がることで住民税の金額が高くなるからです。しかし、**確定申告する際に普通徴収（住民税を自分で払う）を選択することで、会社に知られずに納税できます**（通常は会社の給料から天引きして払う特別徴収です）。各自治体によって様式が異なることもあるので、最初は普通徴収にしたいと伝えて記入方法を確認したほうが確実です。

● 確定申告書の普通徴収欄

▲確定申告のときに「自分で納付」にチェックするだけで普通徴収になる。

経理業務は時間を買う意識で

　申告は自分でするか税理士さんに依頼するかの2通りがあります。オススメする判断基準は、時間を買うという意識です。最近の会計処理ソフトはかなり優秀で、仕入れた商品のクレジットカード情報まですべて自動で引き出してくれるものもあり、申告書の作成も可能です。Amazonせどりは、商品を買ってAmazonで売るだけのシンプルな会計処理です。自分でマメに管理できる人はこれでよいでしょう。

　筆者は簿記2級を持っていますが、レシートや決算の手続きが面倒なので嫌いです。毎月の顧問料を払って、税理士さんにお願いしています。やることといえば、月ごとにまとめたレシートを渡すだけです。決算は別料金を支払いますが、その分、時間や労力を別のことに使うことができます。空いた時間をせどりに使うという考えでもよいでしょう。帳簿作業を代行してくれたり、経費の幅も広げてくれるような税理士さんがよいと思います。

　せどりを始めた以上、**節約も大切ですが時間を買うという積極的な意識も必要**です。

第6章 気になる疑問&トラブル解決 FAQ

Section 79

せどりの将来は大丈夫？

Keyword
Amazon
せどりの将来

筆者がせどりコンサルタントを始めたころから、せどりの将来性は疑問視されていました。せどりで、これからも永続的に利益を出し続けていくことができるのでしょうか？

せどりの将来はせどらー自身の活躍にかかっている

　筆者がせどりを始めて6年、コンサルタントとして初心者に指導させていただいて4年目になります。知り合いの中には「せどりだけで10年以上生活している」という強者もいます。

　せどりは、筆者がコンサルタントを始めたそのころから、「将来性はあるの？」「本当に大丈夫？」といわれ続けていますが、筆者自身、今現在も**問題なくせどりで利益を出し続けることができています**。また、新規参入者もしっかりと結果を出せています。

　さらに、**Amazonも拡大成長を続けています**。そして、そのAmazonは「もっと出品者を増やしたい」という思惑からか、出品者向けの資料を充実させたり、オンラインセミナーを実施したりして出品者がビジネスを進めやすいよう、さまざまなサポート体制を整えています。「参入者（ライバル）が増えているのでは？」という心配や不安はあるでしょう。確かに増えています。しかし、同時に辞めていく人も多いのでそんなに心配することもありません。

　「続けていく」のも「辞める」のも、せどり界全体を盛り上げていくのも、私たちせどらー次第です。「将来性あるビジネス」と胸を張っていえるよう、業界を盛り上げていくのもせどらーの活躍にかかっているのです。

● Amazon マーケットプレイス Web セミナー

URL https://services.amazon.co.jp/services/automation/what-is-mws/webinar.html

第6章 気になる疑問&トラブル解決 FAQ

Section
80

Keyword
店員
バーコードリーダー

店員さんにせどりを注意された!

お店でバーコードリーダーで全頭検索をしていると、店員さんに不審に思われ注意された……。当たり前ですがこの場合は素直に謝り、せどりをその場でやめるのが最低限のマナーです。

注意されたらすぐにやめる

　かつて古本せどりの聖地として多くのせどらーを集めたといわれる某全国チェーンの古本店。お店側が「せどり禁止」の張り紙を出したらしい、とか、あそこのお店はせどらーが嫌いらしい、といった噂話がありました。そんなこともあるせいか、一般的に「せどり」「せどらー」はお店側によく思われていないといったイメージが強いです。

　確かに、「せどり」「せどらー」を嫌っているお店や店員さんは実際にいることでしょう。そのようなお店でせどりをしていると店員さんに注意されることもありますが、実際にはほとんどそのようなことはありません。しかし、もしもせどりをしていて注意を受けたのであれば、素直に謝り、すぐにその場でせどりはやめましょう。あれこれ反論すると、思わぬトラブルを引き起こしてしまう可能性も出てきます。せどりができるお店はほかにもたくさんあります。注意されたことに根にもたず、気持ちを切り替えて、次のお店へと移動しましょう。

　さらに、長くせどりを続けていくのに重要なのは、「マナーを大切にすること」です。たとえばほかのお客さんがいるとなりで検索したり、ワゴンコーナーに子どもがいるときにせどりをするなど、不審に思われるような行動はやめるべきです。ほかにお客さんがいなくて自分一人だとしても、一般の買い物客に見えるような姿勢が望ましいでしょう。

　他人の店に行き、「仕入れをさせてもらっている」という謙虚な気持ちとそれに伴うマナーが大切です。筆者は仕入れ店舗とはビジネスパートナーという考えでいます。

第6章 気になる疑問&トラブル解決 FAQ

Section 81

実際にやってみたけど商品が見つからない！

Keyword
検索量不足
丁寧な検索

せどりを始めると、必ずぶつかるのが「利益の出る商品が見つからない」という壁です。ほとんどの場合、検索量が足りていなかったり、検索が大雑把だったりということが原因のようです。

丁寧にたくさん検索することで商品は必ず見つかる

　せどらーの中にはたくさんの商品を仕入れて、それらの商品すべてできちんと利益を出している人がいます。彼らを見ていると、どこかに必ず利益の出る商品があることがわかります。コンサルタントをしていると、せどり初心者によく「商品が見つからない」といわれることがあります。せどりは、「安く売っていそうな商品を検索すればよい」と単純に考えていると、「商品が見つからない」壁にあたりがちです。「商品がない」と嘆いている人に話を聞くと、たいがいは**検索量が足りていません**。また、**検索を大雑把にやっている可能性も大**です。もっと丁寧にたくさん検索してみましょう。

　時間が空いたらコツコツ商品を探し、売れるかどうか、利益が出そうな商品かどうか、とにかくたくさん検索してください。検索量が増えていけば、必ず利益の出る商品が見つかるはずです。

● 全頭検索で地道に探すことも大切

◀ 利益の出る商品は必ずある。諦めず検索を続けることが勝利への近道！

第6章 気になる疑問&トラブル解決 FAQ

保証書の取り扱いはどうすればよい?

Keyword
保証書
コンディション

Amazonへの出品する際に悩みがちなのが、保証書の取り扱いについてです。お店で仕入れたときに購入先のスタンプを押されてしまい、これを購入者へ送るのも……。どうすればよいのでしょうか。

 販売店のスタンプが押された場合は要注意

お店で購入した商品に付いている保証書は、購入したお店のスタンプが押されていなければ、そのまま商品と一緒に購入者へお送りします。万が一その商品に不具合などが発生した場合、購入日からメーカーが定める一定期間内であれば、メーカー保証による修理対象になります。このとき、購入日は購入者がAmazonでその商品を購入した日となり、出品者がせどりをしてお店で商品を仕入れをした日にはなりません。そのため、購入者はその保証書とAmazonの購入証明（納品書）をメーカーに提出して、修理の依頼を行うことができます。

家電などで保証書に購入日が記載されたお店のスタンプを押されてしまった場合も、その保証書は商品と一緒にお送りします。コンディション説明に「保証書には販売証明印がありますのでメーカー保証は○○年○○月までとなります」と記載すると購入者にもわかりやすいです。また、仕入れ日からメーカー保証の期限がスタートとなりますので、その商品がたとえ未開封の新品であっても、「新品」のコンディションで出品することはできませんので注意が必要です。Amazonのコンディションガイドライン（https://sellercentral.amazon.co.jp/gp/help/external/200339950）には、「新品」として出品できない商品」の項目内に「メーカー保証がある場合、購入者がメーカーの正規販売代理店から販売された商品と同等の保証（保証期間など）を得られない商品。」と記載があります。つまり、仕入れをした際にスタンプを押されてしまった時点でメーカー保証の期間が始まってしまっているので、「新品」で出品することはできず、「中古-ほぼ新品」での出品となるのです。なお、Amazonの規約では、販売後30日以内に動作しなくなるなど不具合が発生した場合は、返品の受け入れが必要となることも留意しておく必要があります。

第6章 気になる疑問&トラブル解決 FAQ

Section 83 購入者からキャンセルを希望された!

Keyword
FBA
Amazonセラーセントラル

Amazonで購入者からキャンセルされた場合、商品の発送前ならこちらではとくに対応をすることはありません。発送後にキャンセルしたいといわれたら、購入者側から返品手続きをしてもらいましょう。

FBAなら面倒なことはAmazonでやってくれる

　購入者から商品の注文キャンセルを希望された場合、**FBAサービスを利用して出品しているのであれば、Amazonがすべての対応をしてくれるので何もしなくて大丈夫**です。まれに直接、購入者から「キャンセルしたい」と連絡が入ることがありますが、その場合は注文商品が発送前であれば、購入者の「注文履歴」から＜商品をキャンセル＞をクリックすればキャンセルできるので、その旨を連絡します。

　ただし、FBAではなく自己発送で販売した場合はキャンセル処理に注意が必要です。購入者から「操作がわからないのでどうしても出品者側からキャンセル扱いにしてほしい」とお願いされることがありますが、**出品者側からのキャンセル手続きは、必ず「注文キャンセル依頼のご連絡」というメッセージが来た場合のみにしてください**。「注文に関するお問い合わせ」など、キャンセル依頼以外の件名で来たメッセージでキャンセル手続きをしてしまうと、Amazonに出品者都合のキャンセルと判断され、「出品者パフォーマンス指標」にマイナスの影響が出てしまいます。出品者パフォーマンス指標とは、Amazonが出品者を評価する指標であり、これが著しく低くなると、アカウントが停止されることもあります。注意してください。

　また、自己発送でこちらが商品を発送してしまったあとにキャンセルを希望されても、こちらからキャンセルすることができません。この場合は購入者負担で商品を返品してもらいます。返品された商品を確認してから返金するという流れです。返金については、P.183をご参照ください。

　なお、FBAサービスを利用していない場合でも、キャンセルの連絡やメッセージのやりとりは、Amazonを仲介して行う決まりになっています。直接メールを送ったり返金したりしないようにしてください。わからないときはAmazonの指示に従いましょう。

第6章 気になる疑問&トラブル解決 FAQ

Section 84

Keyword
返品
再出品

購入者から商品を返品された!

一度購入者のもとへ届いた商品が、何らかの理由でAmazonへ返品された場合も、FBA出品であれば出品者はとくに対応する必要はありません。ただし、ほとんどの場合、全額返金となります。

FBAでは返品対応もAmazonが代行してくれる

　購入者が商品を返品した場合は、**その商品は直接、購入者のもとからAmazonへ送られるため、こちらで対応することはありません**。Amazonがその商品を再出品できると判断した場合は、そのまま自動的に再出品されます。ただし、返品された商品が開封されているなど再出品ができない場合があります。その場合は、Amazonから「販売不可在庫商品発生のお知らせ」のメールが来ますので、一度自分の手元に返送してもらい、中古品として再出品するか、メルカリなどほかの販売先で販売するか、あるいは破棄（所有権の放棄）するか対応を考えなければいけません。何も対応を取らないと、Amazonの倉庫に返品商品がずっと保管されたままとなり、在庫保管手数料が発生してしまいます。ですので必ず「Amazonセラーセントラル」画面から返送、または破棄を指定しましょう。なお、返送の場合、手数料（配送料込み）として51円、大型商品の場合は103円がかかります。

　また、**未使用かつ未開封の場合、商品代金（税込）を全額返金、開封済みの場合は商品代金（税込）の50%を返金**とされています。返品にかかる送料も、購入者都合の場合は購入者に支払っていただく形です。ただし、多くの購入者は自己都合とはせずに返品し、また、Amazon側もそれをほぼそのまま受け付けるため、開封済みで再販不可にもかかわらず全額返金扱いとなってしまうのがほとんどです。明らかに開封済みで使用感があるなど納得の行かないときは、Amazonカスタマーセンターへ相談してみましょう。その際はメールやチャットではマニュアル的な回答をされがちなので、電話による相談がオススメです。購入者の都合での全額返金は、納得がいかないこともありますが、購入者優先のAmazonのサービスのおかげでよく売れるのも事実と考えて受け入れることが多いです。

第6章 気になる疑問&トラブル解決 FAQ

Section 85

発送した商品が破損していた!

Keyword
返品
メーカー保証

商品が破損していたと連絡があったら、購入後すぐであればAmazonに返品してもらい、再度購入するよう案内します。しばらく経ってからの故障であれば、メーカー保証へ誘導しましょう。

すでに破損していた場合と購入後に破損した場合

　FBA出品をしていて購入者から「購入した商品に破損、欠品、パッケージ汚れなどがある。商品を交換してほしい」といったような連絡が来た場合、どのように対応すればよいでしょうか。Amazonでは、**FBAで出品した商品の場合、新しい商品と交換するということは規約上、行うことができません**。もし購入者が商品の交換を希望された場合は、一度Amazonまでその商品を返品してもらい、再度同じ商品を購入してもらうよう案内しましょう。その場合、購入者へは返品としての返金対応が行われます（P.183参照）。

　また、**商品をしばらく利用していて壊れてしまったという連絡だったら、慌てずにメーカー保証の窓口へと購入者を誘導しましょう**（次ページの文例参照）。ほとんどの商品は購入から1年間はメーカー保証の対象となっていますので、メーカーが無償修理などを行ってくれます。

● 商品破損の連絡が来たら

購入後すぐの場合

返品してもらい、再度同じ商品を購入してもらうように案内する

購入後しばらく利用していた場合

メーカー保証へ誘導する

◀ 購入してからの期間により、対応は異なる。

● メーカー保証への誘導例

○○○○ 様

この度はお買い上げいただきまして、ありがとうございました。
しかしながら、商品に不具合がありましたようで誠に申し訳ありません。

当社におきましても最後まで責任をもって対応させていただきます。
お買上げいただきました商品は新品ですので、メーカー保証を受けることができます。
その際にはAmazonの注文履歴から領収書／購入明細書を印刷してご利用ください。
保証書にAmazonの領収書／購入明細書を添付することで、購入日の履歴となります。
印刷方法が不明な場合はAmazonカスタマーサービスへの問い合わせが最短のご案内になります。
お手数おかけいたしまして誠に恐縮ですが、よろしくお願いいたします。
詳しい連絡方法を下記に記載させていただきます。

【Amazon.co.jp カスタマーサービス へのお問い合わせ方法】
◆電話によるお問い合わせ
Amazon.co.jp カスタマーサービスの電話番号
・フリーダイヤル：0120-999-373
・フリーダイヤルが利用できない電話（一部のIP電話など）：011-330-3000
・海外から：81-11-330-3000
ガイダンス後「2」を押下願います
営業時間：年中無休24時間対応
※お電話にてご連絡をいただきます際には、ご本人様確認が必要となる場合がございます。
　Amazon.co.jpにご登録の、以下3点の情報をご用意ください。
・お名前
・Eメールアドレス（またはクレジットカードの末尾4桁）
・ご住所

◆パソコンからのお問い合わせ（オンライン）
https://www.amazon.co.jp/gp/help/customer/display.html/ref=help_search_1-1?ie=UTF8&nodeId=202003590&qid=1504081735&sr=1-1

Amazonへの問い合わせがご不明な場合などは、再び当社までご連絡をお願いいたします。
最後まで責任をもって対応させていただきます。

お手数をおかけ致しまして誠に恐縮ですが、どうぞよろしくお願いいたします。

＊＊＊＊＊社

第6章 気になる疑問&トラブル解決 FAQ

Section 86 出品者レビューに悪い内容や個人情報を書かれた!

Keyword
フィードバック
評価を削除

Amazonの出品者へのフィードバックでの「悪い評価」は、今後の販売にも影響します。しかし、内容によっては「Amazonセラーセントラル」画面より削除することができます。

削除できるケースを覚えておこう

　Amazonには商品を評価する商品ページの「カスタマーレビュー」のほかに、各出品者を評価する「フィードバック」というものがあります。カスタマーレビュー同様、5段階で評価し、連絡した際の対応などについて、その出品者から購入した者のみがコメントを記入できるというものです（購入後90日以内）。このフィードバックは出品者一覧ページで店舗名の下に「★★★★★過去 12か月で●●％の高い評価（●●●件の評価）」のように表示されます。また、この評価は出品者パフォーマンス指標（P.182参照）やカート獲得（P.45参照）にも影響するといわれており、決して軽視することはできません。ただし、**フィードバックに以下の内容を書かれてしまった場合、出品者は「Amazonセラーセントラル」画面より削除が可能**です。

- ほかの企業やWebサイトに関するコメントやURLなどを含む営利目的の投稿
- 卑猥な言葉または暴言を含む表現
- 個人を特定できる個人情報
- 商品に関する評価
- FBA出品での発送に関する評価

　たとえば「購入した商品が気に入らなかった」と、出品者のフィードバックの評価を最低の1にされてしまってはたまったものではありません。そのような評価は見つけ次第、削除するようにしましょう。

　ただし、**出品者に非がある場合の評価は削除することができません**。その場合でも、謝罪などこちらの対応によっては購入者が評価を見直してくれる場合もあります。

第6章 気になる疑問&トラブル解決 FAQ

Section 87 間違えて違う商品を売ってしまった!

Keyword
- 全額返金
- ラベル間違い

いくらわざとでなくても、間違えて別の商品を売ってしまうということは、Amazonがもっとも嫌がる致命的なミスです。すみやかに購入者へ謝罪し、返品、返金の対応をとるようにしましょう。

 ## 購入者第一の対処を!

　間違えて違う商品を売ってしまうということは、完全に出品者側の重大なミスであり、偽物を販売したのと同レベルの「絶対にやってはいけないこと」です。したがって、その場合は慎重に、かつ真摯に対応する必要があります。

　いちばんの被害者は購入者です。購入者に手間を取らせないことを考えて対処しましょう。間違いに気づいたら、**すみやかに謝罪し、商品を返品してもらうようにします。そして、必ず全額返金を行ってください。**

　違う商品を売ってしまうという場合の**もっとも多い原因は、FBAでAmazon倉庫へ発送するときのシールの貼り間違えによるもの**です。この場合、1つだけの商品ではなく、ほかにも間違えが発生している可能性が極めて高くなります。つまり、商品Aに商品Bのラベルを貼ってしまった場合、商品Aだけでなく、商品Bも「違う商品」となっているからです。また、そのほかの原因として「違う商品と勝手に思い込んで登録して売ってしまった」というケースも考えられます。たとえば、バーコードがないフィギュアを、間違ったASINコード(Amazon独自の10桁の商品番号)で販売してしまったというケースです。

　どちらもAmazonがいちばん嫌がるミスとなります。Amazonからアカウント停止などの警告がきてもおかしくないレベルです。出品の際は細心の注意を払いましょう。

第6章 気になる疑問&トラブル解決 FAQ

Section 88

新品を購入した購入者から展示品だったとクレームがきた！

Keyword
コンディション
クレーム

Amazonでは展示品を仕入れて販売するときは、「中古」での販売となります。にもかかわらず、間違えて新品で売ってしまいクレームが来てしまった場合、どのような対応を取るべきでしょうか。

基本は謝罪&全額返金する

　展示品は狙い目で、利益が出やすい商品です。しかし、Amazonではたとえ状態が新品と変わらないくらいよいものでも、展示品を「新品」のコンディションとして売ることはできず、必ず「中古」による販売となります。しかし、間違って展示品を「新品」として売ってしまった場合、購入者からクレームが入ることがあります。展示品と知りながら、「故意にやった」などは言語道断ですが、新品として仕入れた商品が展示品だったということもあります。このような完全に**こちらのミスであれば、購入者に謝罪をし、返品をお願いして全額返金するようにしましょう**。

　返品をお願いすると、商品は購入者のもとからAmazonに返送されます。Amazonによる検品の結果、再出品ができない商品と判断されたら自分の手元に返送してもらい、中古品として再出品するか、メルカリなどほかの販売先で販売するか、あるいは破棄するか対応を考えなければいけません。しかし、中古として再出品をするにしろ、メルカリなど別の販売先に出品するにしろ、いずれも結構な手間と労力がかかります。そこまでして資金を回収する必要はないと判断した場合は、「全額返金するので、そのままお使いください」として、**返金対応だけを行い、許してもらうというやり方もあります**。これは仕入れ単価が安い商品の場合に有効です。

● 仕入れ価格や再出品の手間で対応を考える

間違えて
展示品を新品で
売ってしまった場合
→ ①謝罪し、返品してもらい全額返金する。
→ ②謝罪し、全額返金する。商品は差し上げる。

▲ いずれの場合も謝罪と全額返品は必ず行うこと。

第6章 気になる疑問&トラブル解決 FAQ

Section 89

Keyword
真贋調査
刈り取り

Amazonからの問合せがきた!

Amazonから突然、問合せのメールが来ると、慌ててしまうかもしれません。求められている書類を指定された期日内に提出して、出品に制限がかかってしまわないよう、適切に対応しましょう。

即答でなくてもよいので必ず対応する

　Amazonから問合せの連絡が来たら、即答はしなくてもよいのですが、必ず返信はするようにしてください。Amazonから「48時間以内に返信」とあれば、24時間以内に、「7日間以内に返信」とあれば、2日間以内の返信をオススメします。何らかの調査依頼や回答を求められた場合は、調べる時間が必要となります。そのため、**まずは「いつまでに回答します」という内容でもよいので、一度返信をしておくようにしましょう。**

　問合せ内容で慌てがちなのは、出品した商品が実は偽物ではないかという「真贋調査」です。商品が返品された際の理由によって、Amazonが調査が必要と判断した場合に行われているようです。具体的には、仕入れ先や購入者（あなた）の情報（店舗名、名前、電話番号、住所、Webサイト）、日付などがわかる請求書または領収書の写しをPDFファイルか画像ファイルの形式で提出してほしい、という内容です。そのほかにも、Amazonで購入した商品を出品している、いわゆる「Amazon刈り取り」（P.16参照）の疑いがある場合に、同様に仕入れ先の請求書または領収書の写しなどの提出を求められたりします。**慌てずに、求められている書類に不備がないよう、提出するようにしましょう。**

　書類の提出後、Amazonに規約違反と判断されてしまうと、その商品の出品が制限されてしまいます。しかし、ある期間猶予が与えられるので、その間に書類を再提出してクリアすれば、再び出品ができるようになります。

　中には放置してしまう出品者もいるようですが、返信しないとアカウントが閉鎖されてしまうこともあります。必ず対応するようにしてください。

Index

数字・アルファベット

100円ショップ……………………………………… 122
Amacode ………………………………………… 15, 46
Amazon.co.jp …………………………………………… 28
「Amazon Seller」アプリ …………………………… 51
Amazonカスタマーセンター ……………………… 53
Amazonからの問合せ …………………………… 189
Amazon刈り取り ……………………………… 16, 189
Amazonセラーセントラル ………………………… 60
Amazon本体 …………………………………… 45, 147
Amazonマーケットプレイスに出品 ……………… 60
Bluetoothイヤホン ……………………………… 23, 144
DELTA tracer ……………………………………… 74
FBA ………………………………………………… 32, 56
FBAオプションサービス ………………………… 55
FBA納品 …………………………………………… 63
Googleマップ …………………………………… 110
Keepa ……………………………………………… 74
Yahoo！リアルタイム検索 ………………………… 91

あ行

赤いシールが付いた値札 ………………………… 99
一番くじ …………………………………………… 125
一斉セール ………………………………………… 89
違和感 …………………………………………… 76, 78
売れない原因 …………………………………… 150
大口出品 …………………………………………… 55
お店独自のセール ………………………………… 88

か行

カート価格 …………………………………… 45, 146
カートを獲る ……………………………………… 45
外注さん ………………………………………… 159
開店閉店.com ……………………………………… 91
開店・閉店セール ………………………………… 90

価格改定 ………………………………………… 148
価格改定ツール ………………………………… 149
確定申告 ………………………………………… 176
家電量販店 ……………………………………… 114
季節の商品 ………………………………………… 84
キャンセル ……………………………………… 182
キリがよい値段の商品 …………………………… 94
銀行口座を登録 …………………………………… 59
蛍光マーカーが付いた値札 ……………………… 98
決算セール ……………………………………… 100
公式オンラインストアの限定品 ……………… 140
ゴールデンゾーン ………………………………… 92
小口出品 …………………………………………… 55
コンディション ……………………… 62, 65, 152, 154
コンビニ ………………………………………… 124

さ行

在庫処分セール …………………………………… 88
在庫保管手数料 …………………………………… 57
仕入れ資金 ……………………………………… 172
仕入れの流れ ……………………………………… 44
仕入れルート …………………………………… 110
自己発送 …………………………………………… 27
実店舗のネットショップ ……………………… 104
ジャンル …………………………………………… 38
集客力 ……………………………………………… 31
出品価格 ……………………………………… 25, 45
出品禁止商品 ……………………………………… 40
出品先 ……………………………………………… 28
出品者SKU ………………………………………… 61
出品者用アカウント ……………………………… 59
出品者レビュー ………………………………… 186
上下四隅の商品 …………………………………… 92
商品の説明（メルカリ） ……………………… 162
商品破損の連絡 ………………………………… 184
商品ラベル貼付サービス ……………………… 158

商品ラベルを印刷	63
食品電脳せどり	142
スーパー	120
生産終了品	86
セット本	133
せどり	10
せどりアプリ	46
せどりすと	15, 46
せどり脳	37
せどりの将来	178
せどりの対象	20
せどろいど	15, 46
セラーアプリ	51
全頭検索	76, 80

た行

代行業者	159
チャットでの問合せ	53
中古品を販売	64
定期イベント	102
ディスカウントストア	118
適正価格の付け方	146
店員さんに注意された	179
展示品	188
電脳せどり	16, 136
店舗せどり	14
店舗名	58
問合せ	156, 189
登録料・手数料（メルカリ）	69
特定商取引法に基づく表記	59
トップ写真（メルカリ）	164
ドラッグストア	126
トレンド商品	82

な・は行

ニセモノ	41

人気コラボ商品	106
納品プラン	63
バーコードリーダー	19, 22, 23, 144
配送代行手数料	56
配送ラベルを印刷	63
販売手数料	56
必要なもの	18
フィギュアショップ	128
福袋	102
フリーマーケット	134
古本屋	132
プレ値	34
フロア責任者の性格	96
プロフィール（メルカリ）	160
返送/所有権の放棄	151
返品	183
ホームセンター	118
保証書	181

ま・や・ら行

メーカー直営のアウトレット通販ショップ	105
メーカー保証	157, 184
メルカリ	29, 66, 138
メルカリに掲載する写真	166
メルカリに商品を出品	72
メルカリ販売テクニック	168
儲けが出るパターン	34
モール型ネットショップ	105
モノサーチ	146
モノレート	33, 47, 49
ヤフオク！	29, 138
楽天市場	29
ラクマ	29
リサイクルショップ	130
ローカルルール	69
ロケスマ	110

■著者略歴

フジップリン

せどりコンサルタント。ITF日本国際店舗せどり連盟主宰。40代会社員から副業で始めたAmazonせどりで月商100万円を達成。2015年独立後は月商300万円、利益100万円を達成。2016年1月よりせどり業界最大規模の500名以上が在籍するチームのメイン講師に抜擢。2018年、月商100万円利益20万円を目標とするITF日本国際店舗せどり連盟設立。30都道府県160人以上へのマンツーマン仕入れ同行実績は業界トップクラスを誇る。商品知識や店舗のリサーチを必要とせず、お店の特徴やクセを見抜いて利益が出る商品を探す独自の手法が好評。初心者が最も取り組みやすい新品店舗せどりを全国で現役指導中。メールマガジン毎日配信中。運営ブログ「フジップリン通信」(https://fujippulin.com/)は下のQRコードから。無料メールマガジン登録で本書の解説動画特典プレゼント！

- 編集／DTP………………………リンクアップ
- カバー／本文デザイン ……………リンクアップ
- 担当 ………………………………石井亮輔（技術評論社）
- 技術評論社Webページ …………https://book.gihyo.jp/116

■問い合わせについて

本書の内容に関するご質問は、下記の宛先までFAXまたは書面にてお送りください。なお電話によるご質問、および本書に記載されている内容以外の事柄に関するご質問にはお答えできかねます。あらかじめご了承ください。

〒162-0846
東京都新宿区市谷左内町21-13
株式会社技術評論社　書籍編集部
「せどりで＜ガッチリ稼ぐ！＞　コレだけ！技」質問係
FAX：03-3513-6167

※ご質問の際に記載いただいた個人情報は、ご質問の返答以外の目的には使用いたしません。
　また、ご質問の返答後は速やかに破棄させていただきます。

せどりで＜ガッチリ稼（かせ）ぐ！＞　コレだけ！技（わざ）

2019年3月14日　初版　第1刷発行
2021年4月20日　初版　第4刷発行

著者	フジップリン
発行者	片岡 巌
発行所	株式会社技術評論社 東京都新宿区市谷左内町21-13 電話：03-3513-6150　販売促進部 　　　03-3513-6160　書籍編集部
印刷／製本	日経印刷株式会社

定価はカバーに表示してあります。

本書の一部または全部を著作権法の定める範囲を越え、
無断で複写、複製、転載、テープ化、ファイルに落とすことを禁じます。

©2019　フジップリン、リンクアップ

造本には細心の注意を払っておりますが、万一、乱丁（ページの乱れ）や落丁（ページの抜け）がございましたら、小社販売促進部までお送りください。送料小社負担にてお取り替えいたします。

ISBN978-4-297-10295-1 C3055

Printed in Japan